中国科协三峡科技出版资助计划

强震应急与次生灾害防范

李小文　黄润秋　**主　编**
王运生　陈　安　**副主编**

中国科学技术出版社
·北　京·

图书在版编目（CIP）数据

强震应急与次生灾害防范/李小文，黄润秋主编. —北京：
中国科学技术出版社，2012.12
（中国科协三峡科技出版资助计划）
ISBN 978 – 7 – 5046 – 6261 – 3

Ⅰ.①强…　Ⅱ.①李…②黄…　Ⅲ.①强震 – 应急对策 –
基本知识②地震次生灾害 – 基本知识　Ⅳ.①P315.9

中国版本图书馆 CIP 数据核字（2012）第 306765 号

总　策　划	沈爱民	林初学	刘兴平	孙志禹	责任编辑	吕秀齐　赵　晖　张利梅
项目策划	杨书宣	赵崇海			责任校对	刘洪岩
出 版 人	苏　青				印刷监制	李春利
编辑组组长	吕建华	许　英	赵　晖		责任印制	张建农

出　　版	中国科学技术出版社
发　　行	科学普及出版社发行部
地　　址	北京市海淀区中关村南大街 16 号
邮　　编	100081
发行电话	010 – 62103349
传　　真	010 – 62103166
网　　址	http://www.cspbooks.com.cn

开　　本	787mm×1092mm　1/16
字　　数	250 千字
印　　张	12.25
版　　次	2013 年 4 月第 1 版
印　　次	2013 年 4 月第 1 次印刷
印　　刷	北京华联印刷有限公司

书　　号	ISBN 978 – 7 – 5046 – 6261 – 3/P·170
定　　价	38.00 元

总　序

　　科技是人类智慧的伟大结晶，创新是文明进步的不竭动力。当今世界，科技日益深入影响经济社会发展和人们日常生活，科技创新发展水平深刻反映着一个国家的综合国力和核心竞争力。面对新形势、新要求，我们必须牢牢把握新的科技革命和产业变革机遇，大力实施科教兴国战略和人才强国战略，全面提高自主创新能力。

　　科技著作是科研成果和自主创新能力的重要体现形式。纵观世界科技发展历史，高水平学术论著的出版常常成为科技进步和科技创新的重要里程碑。1543 年，哥白尼的《天体运行论》在他逝世前夕出版，标志着人类在宇宙认识论上的一次革命，新的科学思想得以传遍欧洲，科学革命的序幕由此拉开。1687 年，牛顿的代表作《自然哲学的数学原理》问世，在物理学、数学、天文学和哲学等领域产生巨大影响，标志着牛顿力学三大定律和万有引力定律的诞生。1789 年，拉瓦锡出版了他的划时代名著《化学纲要》，为使化学确立为一门真正独立的学科奠定了基础，标志着化学新纪元的开端。1873 年，麦克斯韦出版的《论电和磁》标志着电磁场理论的创立，该理论将电学、磁学、光学统一起来，成为 19 世纪物理学发展的最光辉成果。

　　这些伟大的学术论著凝聚着科学巨匠们的伟大科学思想，标志着不同时代科学技术的革命性进展，成为支撑相应学科发展宽厚、坚实的奠基石。放眼全球，科技论著的出版数量和质量，集中体现了各国科技工作者的原始创新能力，一个国家但凡拥有强大的自主创新能力，无一例外也反映到其出版的科技论著数量、质量和影响力上。出版高水平、高质量的学术著作，成为科技工作者的奋斗目标和出版工作者的不懈追求。

中国科学技术协会是中国科技工作者的群众组织，是党和政府联系科技工作者的桥梁和纽带，在组织开展学术交流、科学普及、人才举荐、决策咨询等方面，具有独特的学科智力优势和组织网络优势。中国长江三峡集团公司是中国特大型国有独资企业，是推动我国经济发展、社会进步、民生改善、科技创新和国家安全的重要力量。2011年12月，中国科学技术协会和中国长江三峡集团公司签订战略合作协议，联合设立"中国科协三峡科技出版资助计划"，资助全国从事基础研究、应用基础研究或技术开发、改造和产品研发的科技工作者出版高水平的科技学术著作，并向45岁以下青年科技工作者、中国青年科技奖获得者和全国百篇优秀博士论文获得者倾斜，重点资助科技人员出版首部学术专著。

我由衷地希望，"中国科协三峡科技出版资助计划"的实施，对更好地聚集原创科研成果，推动国家科技创新和学科发展，促进科技工作者学术成长，繁荣科技出版，打造中国科学技术出版社学术出版品牌，产生积极的、重要的作用。

是为序。

中国长江三峡集团公司董事长

2012 年 12 月

编辑委员会

序

  2009 年 8 月，也就是汶川大地震发生一年多之后，地震灾区接连发生了多起特大泥石流、滑坡事件，导致了严重的人员伤亡和财产损失。科学网上的众多博主，特别是地球科学方面的专家学者，纷纷就泥石流、滑坡灾害应对提出自己的意见和建议。苗元华博主见科学网如此藏龙卧虎、人才济济，感觉完全可以联合起来做一些对国家对民众更有意义的事情，于是她在科学网上发出了编撰《强震后次生灾害的防治与应急管理》一书的倡议，并提出了书稿章节的初步构想。希望大家群策群力，为公众和国家有关部门在地震应急管理以及震后次生灾害的防范与治理方面提供理论和实践上的咨询意见，以期减少人员伤亡和财产损失。

  科学网博主包括吉林大学的杨学祥教授、武汉理工大学的罗帆教授、山东科技大学的逄焕东博士和中科院科技政策与管理科学研究所的陈安博士积极响应这一倡议，陈安博士还专门撰写了博文表示对这一倡议的支持。我感觉这倡议不错，也希望自己能够就本书的编写做点力所能及的工作。在苗元华博主的力邀下，中科院研究生院（现已更名为中国科学院大学）的魏东平教授、中科院地球化学研究所的刘玉平博士相继加入到编委的队伍中来。

  2009 年 9 月，苗元华与我详细讨论了本书章节结构方面的设想。我们认为震后的卫生防疫工作意义重大，但科学网博主里面没有这方面的专家，于是我建议他邀请中科院遥感所的曹春香研究员编写这方面的内容，曹老师欣然接受了邀请。随后我们又邀请了有灾区救援与次生灾害防治现场经验的地质灾害防治国家重点实验室主任、成都理工大学的黄润秋教授参与本书编写，黄老师也愉快地接受了邀请。

在黄润秋教授的安排下，本书编委会第一次研讨会于2009年10月16日在成都理工大学召开。参加会议的有科学网博主魏东平教授、刘玉平博士、逄焕东博士、苗元华博士和我。成都方面参加会议的专家学者除了黄润秋教授外，还有成都理工大学的王运生、李天斌两位教授，电子科技大学的何彬彬博士，以及北川羌族自治县原地震减灾局局长马明理。科学网博主杨学祥教授和罗帆教授因事未能参加会议，但给研讨会发来了相关资料。陈安博士也委派了学生刘敏，曹春香研究员委派张颢博士参加了会议。成都理工大学的李海华老师为这次会议的组织付出了辛勤的劳动，特此致谢！

第一次研讨会基本确定了本书的写作宗旨、读者定位及编写原则。结合汶川大地震出现的山体崩裂等各种新现象、新问题，与会人员详细讨论了本书应该涉及的内容及章节安排，根据参编人员的专业特点进行了写作方面的分工，并商讨了本书的写作进展计划。第一次研讨会开过之后，各位编者按照各自的分工进行初稿写作，并于2010年2月之前将初稿陆续汇总到苗元华博士那里，由他进行了初步的统稿工作。

初稿基本完成之后，在陈安博士的安排下，本书初稿的研讨会作为第五届全国"应急管理——理论与实践"研讨会第四分专题会议，于2010年4月24日在山东经济学院召开。出席会议的编委成员有罗帆教授、刘玉平博士、陈安博士、苗元华博士和本人。在陈安博士的邀请下，同为科学网博主的上海交通大学的陈龙珠教授和交通运输部公路科学研究所的王邦进工程师，以及山东省地震局应急救援处的李波处长也出席了本书的研讨会。

在这次研讨会上，罗帆教授阐述了应如何对地震后灾民心理危机进行干预，陈安博士则对强震救援中的资源管理和震后组织管理通过案例进行了介绍。与成都会议不同的是，济南会议有了更多管理方面的讨论，本书的主题发生了少许变化，书名也最终定为《强震应急与次生灾害防范》。

2012年初，科学网博主、科学普及出版社（暨中国科学技术出版社）社长苏青在科学网发布了《欢迎申报中国科协三峡科技出版资助计划》的博文。本书按照要求提交了申报书，经过初评、函评和终评，最终获得了三峡科技出版资助计划的资助。在此，对中国科学技术出版社、中国科协和三峡集团表示衷心感谢。

本书的责任编辑吕秀齐老师也是科学网博主。纵观本书从倡议到出版的漫长过程，无不体现了科学网博主们集思广益、团结互助的风格特点。也是科学家们基于一份社会责任感不计名利、不计报酬、跨行业合作的一种尝试。也可以说，没有科学网，就没有本书的写作与出版，在此，我代表所有编者对科学网表示感谢！

本书的编者来自不同行业，又是利用业余时间进行写作工作，缺点和错误在所难免。如果本书未来能够为地震应急和次生灾害防范作出一些实在的贡献，也就不枉各位参与者的苦心了。我期待着它能发挥这样的作用。

中国科学院院士

李小文

2012 年 10 月

前　言

地震（earthquake）又称地动，是地球表层岩石圈内积累的弹性应变能突然释放引起的地球表层的剧烈振动。全球每年发生大小地震约550万次，其中绝大多数地震因震级小对人类影响不大，但震级大于或等于6级的强烈地震通常不仅会造成直接的严重人员伤亡，而且能引起火灾、水灾、有毒气体泄漏、细菌及放射性物质扩散，还可能造成海啸、滑坡、崩塌、地裂缝、沙土液化等次生灾害。

20世纪我国几次伤亡巨大的强烈地震如1920年的海原地震、1976年的唐山地震均发生在平原地区或高原地区，地震造成的次生灾害不多，因此灾害链并不显著。而2008年5月12日14时28分发生的震级达Ms 8.0级的汶川大地震，因为发生在人口密集的西部山区，除了导致69197人遇难，18222人失踪，直接经济损失达8451亿元人民币外，还造成严重的短期和中长期次生灾害，其中短期自然灾害达5万余处。汶川地震也因此成为中华人民共和国成立以来损失最为严重、影响最为深远的一次重大自然灾害。

事实上，随着社会和经济的发展，西部大开发的不断推进，西部地区，包括一些山区的基础设施将逐步完善，相关重大工程会相继上马，社会财富也会相应地日益增多。所以西部地区，特别是高烈度山区将来一旦发生强烈地震，将会造成巨大的生命和财产损失，并会引发一系列次生灾害。因此如何开展强震应急及次生灾害防范，将强震造成的灾害损失降低到最低限度是摆在政府和科技工作者面前的一项急迫的任务。

本书旨在总结我国近几年山区强震，特别是汶川大地震发生后我国在应急管理与次生灾害防范方面的经验，为公众和国家有关部门面对今后类似的强震，特别是山区强震发生后的应急管理以及震后次生灾害的防范和治理方面提供一些理论和实践上的指导，以期减少地震造成的人员伤亡和财产损失。

在内容编排上，本书第 1 章首先介绍了强震发生的物理机制，使广大读者能够了解与地震相关的基本知识。在此基础上，通过对汶川地震造成的地表破裂及次生灾害特点的描述，较为全面地揭示强震触发的山区次生灾害的基本类型。通过增强人们对强震触发的典型次生灾害的理解，逐步提高人们在强震发生后防范和治理地震引起的次生灾害的能力，最大限度地保护人身及财产安全。第 2 章阐明了强震后应急救援的主要任务，介绍了强震后应急救援的组织及人员调配，探讨了应急救援人员的招募方式与甄选方式，以及应急救援人员的培训目标原则、内容和流程。

本书第 3 章阐述了强震后应急管理中所涉及的资源管理方面的内容。介绍了强震后应急资源的一般特点及类型，应急资源调度与调配的基本原则及最优化流程，以及后期应急资源的管理与补偿方面的常用方法。第 4 章阐述了强震后社会组织与管理方面的工作，包括政府作用的发挥、防灾知识的宣传与普及、媒体导向与管理、群体性事件的应对原则及灾区社会结构重构方面需要注意的事项等。

本书第 5 章介绍了强震导致的次生地质灾害及地质环境变化的检测与防治方面的一般方法。详细阐述了地震引起的堰塞湖、泥石流和滑坡、地球化学异常与污染、生态及环境变异等方面的排查、监测、预警、防治等方面所应采取的一般方法及技术措施。第 6 章对常见的工业与民用建筑，包括房屋（古建筑）、道路、桥梁和隧道等建筑物以及水坝等构筑物在强震发生后的检查方法、震损评估、治理方法等方面的内容进行了阐述。

本书第 7 章介绍了震后常见传染性疾病，包括细菌性痢疾、甲型肝炎等肠道传染病，流行性感冒、流行脑炎等呼吸道传染病，疟疾、鼠疫、出血热等虫媒传染病防治的基本原则及防疫工作的基本组织模式。第 8 章针对大灾后民众心理创伤引起的社会问题，介绍了灾后民众心理创疏导与危机干预的一般方法。

总之，地震灾害虽然不可抗拒，但只要科学、客观地认识地震灾害，正确做好强震应急及次生灾害的防范工作，就可以将强烈地震造成的损失尽可能地降低，使灾区民众尽快走出痛苦的阴影，重建美好家园。

本书由李小文、黄润秋确定编写大纲并最后统编。第 1 章 1.1 部分由王运生执笔编写，1.2 部分由王运生、刘玉平、何彬彬共同执笔，1.3 部分由王运生、杨学祥和苗元华共同完成。第 2 章由罗帆列出写作提纲，完成部分初稿，研究生王慰参与资料查阅、补充修改工作，最终由罗帆修改定稿。第 3 章和第 4 章主要由陈安执笔，第 4 章 4.4 部分内容由王运生执笔。第 5 章 5.1 部分主要由王运生执笔，陈安、苗元华完成了部分内容的撰稿，5.2 部分由王运生、苗元华执笔完成，5.3～5.5 部分由刘玉平、何彬彬共同执笔完成。第 6 章由逄焕东执笔，第 7 章由曹春香、张颢执笔。第 8 章由罗帆列出写作提纲，完成初稿，研究生李映雪查阅了大量资料，进行补充修改，最后罗帆修改统稿。本书在编写过程中，还得到了魏东平、陈龙珠、李天斌、许强、王邦进、李海华、迟菲等人的大力帮助，在此一并表示感谢！

由于本书涉及的内容较多，且分属不同的学科领域，因此本书的作者来自不同行业，所以尽管经过各位作者和编辑同志尽力协调，但书中风格难免存在前后不一致现象，而且错误和缺点难免，恳请读者批评指正！

本书编者

2012 年 10 月 8 日

目　录

第1章　强震发生机理及次生灾害类型

1.1　强震的地质成因及发生过程

1.1.1　强震的地震成因

地下深处断层受应力作用突然错动造成弹性波传播所引起的地面震动称为地震。按成因，地震可分为构造地震、火山地震和陷落地震三种。人类工程活动，如采矿、水库蓄水、深井注水、地下核爆炸等也可诱发地震。

强震一般属于构造地震。构造地震由现代地壳运动所产生，也是分布最广，数量最多（大于90%），危害最重的地震。构造地震一般产生于板块边缘和板块内部的构造活动带。岩石圈在地球内力作用下，应变能不断积累，一旦达到岩体强度极限，就会发生突然的剪切破裂（脆性破坏）或沿已有破裂面产生突然错动（黏滑），积蓄的应变能以弹性波的形式突然释放使地壳震动而发生地震，如图1-1所示。

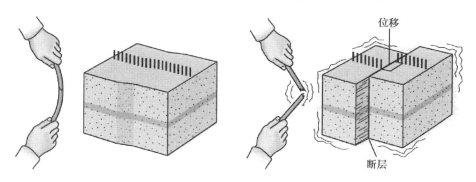

图1-1　地震的孕育与应力释放

地震波产生（发源）的地方叫震源，震源在地表的投影为震中，地表任意一点到震中的距离叫震中距，如图1-2所示。震级代表一次地震本身的强弱，它由震源发出

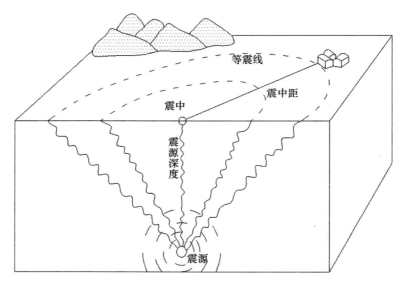

图 1-2　地震基本要素示意图

的地震波能量来决定，因此同一次地震只有一个震级。烈度在同一次地震中是因地而异的，共分 12 级，由当地的各种自然和人为条件所决定。影响地震烈度的五要素是震级、震源深度、震中距、地质结构和建筑物本身。一般来说，对于同一次地震，震中距越短，烈度则越高；另外，如果地震的震级与震中距相同时，则震源越浅烈度越高。汶川地震的主震等震线如图 1-3 所示。

　　当前，最基本的震级标度有 4 种：地方性震级 M_L、体波震级（Mb 和 MB）、面波震级 Ms 和矩震级 Mw。前 3 种震级是通过测量地震波中的某个频率地震波的幅度来衡量地震的相对大小的一个量。M_L 是用 1s 左右的 S 波（或 Lg）的振幅来量度地震的大小，Mb 是用 1s 左右的地震体波振幅来量度地震的大小，MB 是用 5s 左右的地震体波振幅来量度地震的大小，Ms 是用浅源地震的 20s 左右的面波振幅量度地震的大小。矩震级 Mw 是由基本的物理参数所计算的震级，描述了地震破裂面上滑动量的大小，一般通过波形反演的方法计算。我国规定对公众发布一律使用面波震级 Ms，也就是我们一般所说的里氏震级。

　　根据震源深度，地震可以分为浅源地震（震源深度小于 70km）、中源地震（震源深度小于 70~300km）及深源地震（震源深度大于 300km）。

　　20 世纪 70 年代问世的全球板块构造理论是地球科学的一场革命，该理论从根本上解决了岩石圈运动机理及全球构造格局及其演化。根据板块构造理论，全球可以划分六大板块（图 1-4）：欧亚板块、太平洋板块、美洲板块、南极洲板块、印度洋板块和非洲板块。板块边界有三种类型：挤压型板块边界，如图 1-5 所示；转换型板块边界

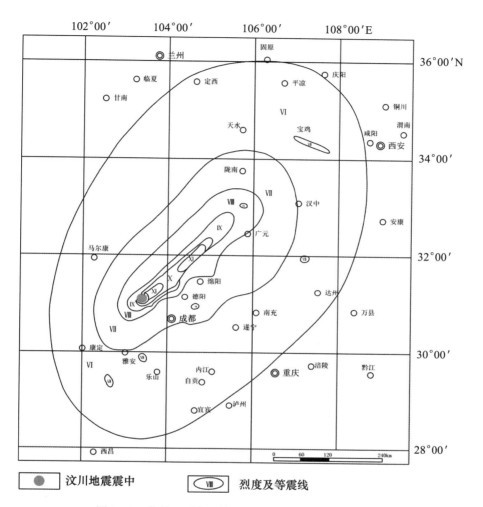

图1-3 汶川地震主震等震线（据国家地震局，2008）

和拉张型板块边界，如图1-6所示。

板块理论认为全球地震主要集中在板块边界，挤压型板块边界的地震活动尤其强烈。全球性两大地震活动带，如图1-7所示，即环太平洋地震带和阿尔卑斯—喜马拉雅—印度尼西亚地震带都与此密切相关。事实上，环太平洋地震带分布着世界80%以上的浅震、90%以上的中震和几乎100%的深震，地震总能量的80%是在这个地震带上释放的；阿尔卑斯—喜马拉雅—印度尼西亚地震带震中较环太平洋地震带的分散，地震带的宽度大且有分支，以浅源地震为主，中源地震在帕米尔、喜马拉雅有所分布，深源地震主要分布于印尼岛弧。环太平洋地震带以外的几乎所有深源、中源和大的浅源地震均发生于喜马拉雅—印尼带。释放能量约占全球地震能量的15%。

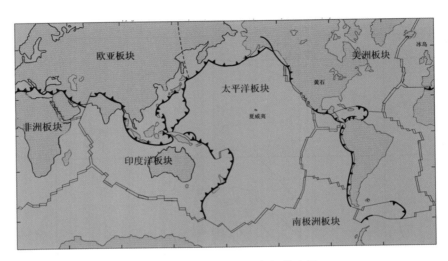

图 1 - 4 全球板块构造与板块边界

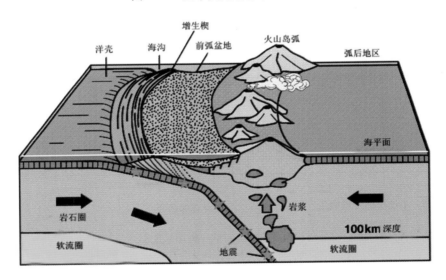

图 1 - 5 挤压型板块边界

转换断层地震发生在 bc 段，如图 1 - 8 所示，美国 1906 年旧金山地震就是沿转换断层——圣安德烈斯断层发震的。

沿拉张型板块边界的地震以浅震为主，一般小于 30km，强度一般较低，震级除少数例外均不超过 5 级。2008 年 5 月 29 日冰岛（北纬 64.0°，西经 21.0°）发生 6.5 地震就是拉张型地震。

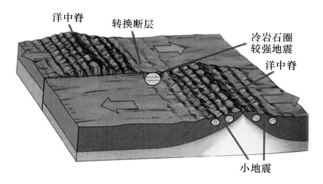

图 1 - 6　拉张型及转换型板块边界

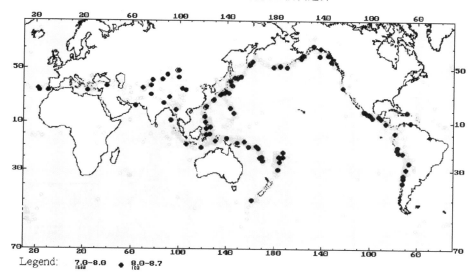

图 1 - 7　1900—1995 年全球强震分布图

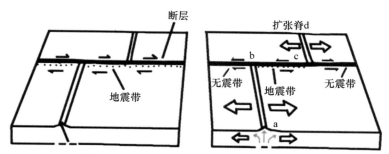

图 1 - 8　转换断层、平移断层地震发生位置

左图为平移断层；右图为转换断层

1.1.2 我国地震地质基本特征

我国除台湾东部、西藏南部地震和吉林东部深源地震属板块边缘消减带地震外，其余地区的地震均属大陆板块内部地震。中国大陆岩石圈现代构造变形最显著特征是大规模的晚第四纪活动断裂发育很好，将中国大陆切割成不同级别的活动地块（active tectonic block）。不同地块的运动方式和速度不同，故地块边界的差异运动最为强烈。强烈的差异运动则有利于应力高度积累而孕育强震，所以地块的运动及其相互作用对中国大陆强震的孕育和发生起着直接的控制作用。我国大陆几乎所有 8 级和 80% ~ 90% 的 7 级以上强震都发生在此活动地块的边界带上。

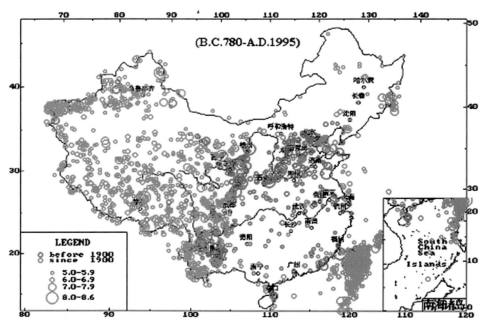

图 1-9　中国强震震中分布图

中国大陆板块内部构造活动的基本形式为块体运动。活动块体的边界被活动断裂、活动盆地和活动褶皱所围，块体内部相对稳定，而块体边缘的活动构造带则活动强烈，并伴有强震活动，如图 1-9 所示。有历史记载以来中国大陆的 119 次 7 级以上地震有 104 次发生在这些活动的地块边界带上。活动地块区和活动地块间的差异运动及其间的相互作用，对中国大陆地震的孕育和发生起着直接控制作用。

不同的研究者对于活动地块（active tectonic block）的划分略有不同，但大体是相同的，即一般分为两级。Ⅰ级为活动地块区（或活动断块区、活动亚板块），具体为：青藏、西域、南华、滇缅、华北和东北亚 6 个活动地块区。Ⅰ级地块内部又被活动断裂分割成多个次级地块，如青藏地块自南而北可分出拉萨、羌塘、巴颜喀拉（唐古拉）、柴达木、祁连和川滇地块。西域地块分为塔里木、天山、准噶尔、萨彦、阿尔泰、阿拉善地块；东北亚地块分为兴安—东蒙、燕山、东北地块；华北地块分为鄂尔多斯、华北平原和鲁东—黄海地块；南华分为华南、南海地块。活动地块的运动状态是预测未来强震的背景资料。如图 1 – 10 所示，受印度板块与欧亚板块碰撞及持续楔入的强力推挤，西部地块运动强烈（速率可达 15 ~ 30mm/a）。东部地块活动微弱（速率一般≤10mm/a），西部运移方向以 NNE – NE 向为主，东部则近东西向。地震活动也是西部强而东部弱。尤其是东部的东北和华南地块现今构造活动性与地震活动均较弱。

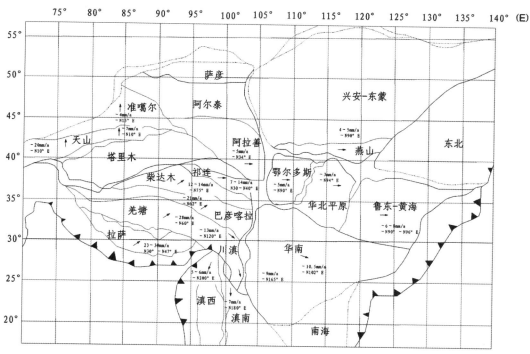

图 1 – 10　中国大陆活动地块运动速度矢量图（据张培震、王琪等）

　　我国大陆板内地震多发生在地壳内 10 ~ 25km 深处，西部地区也有地震发生在地壳内 31 ~ 37km 深处。由此可见，地壳深部构造活动和受力状态对地震的孕育和发生是更为直接的因素。不同级别的断裂如盖层断裂、基底断裂、岩石圈断裂和超岩石圈断裂，层间断裂在深部的活动往往是地震发生的主要原因。

　　地震带就是地震集中分布的地带。在地震带内震中密集，在带外地震的分布零散。地震带常与一定的地震构造相联系。中国有 23 条地震带，龙门山地区属中国南北向地震带。

1.1.3 强震发生过程类型

构造地震发生过程有多种形式：根据主震与前震或余震的关系可以分为单发型、主震型（包括前震主震型和主震余震型）、群震型和双震型。

（1）单发型地震。又称孤立型地震。这种地震的前震和余震都很少而且微弱，并与主震震级相差悬殊，整个序列的地震能量几乎全部通过主震释放出来。此类地震较少，1966 年秋安徽定远地震、1967 年 3 月山东临沂地震，均未观测到前震和余震，震级很小，只有 4～4.5 级。

（2）主震型地震。是一种最常见的类型，主震震级特别突出，释放出的能量占全系列的 90% 以上。进一步可以分为前震主震型和主震余震型。前震主震型是大震发生前有一系列小震出现，如 1975 年 2 月 4 日辽宁海城 7.3 级地震，发震前 24 小时内共发生了 500 多次前震，主震后又发生很多次余震。由于前兆明显，及时地预报和采取了一系列应急防震措施，海城地震全区人员伤亡共 18308 人，仅占Ⅶ度区总人口数的 0.22%，重伤 4292 人，轻伤 12688 人，轻重伤占总人口数的 0.2%，是大震中伤亡人数较少的一次。主震余震型大震发生前几乎无前震，即无前兆，临震预报很难作出，如 1976 年 7 月 28 日唐山大地震（7.8 级），则基本没有前震，但余震连续数年不断，死亡 26 万多人；汶川地震也属这种类型，死亡 8 万多人。

（3）震群型地震。由许多次震级相似的地震组成地震序列，没有突出的主震。此类地震的前震和余震多而且较大，常成群出现，活动时间持续较长，衰减速度较慢，活动范围较大。如 1966 年邢台地震，从 2 月 28 日～3 月 22 日，震级由 3.6、4.6、5.3、6.8、6.8 逐步升到 7.2 级。有时这种类型的地震是由两个主震型地震组合在一起形成的。

（4）双震型。最大地震与次大地震的震级之差小于等于 0.5 的地震序列被划为双震型。它约占地震序列总数的 13%。如龙陵地震：1976 年 5 月 29 日深夜 22 时，在龙陵县的镇达、平达、向达等乡镇（北纬 24.4°，东经 98.6°）连续发生两次 7.3/7.4 级强烈地震。震中烈度达 9 度。

一次强震可以较为明显区分为极震区和外围的影响区。极震区在地震来临时纵波表现明显，接着是面波，破坏性大，但历时一般较短。地震持续时间与震源积累的应变能有关，一般地震持续时间在数秒至十余秒，很少超过 60 秒，汶川 8.0 级地震持续时间达 80～120s，比较罕见。

1.1.4 汶川地震形成机理

2008 年 5 月 12 日发生的汶川地震的震中位于北纬 31.0032°，东经 103.3649°，处于龙门构造段中段。这次地震的震源深度为 18.7km。地球物理资料揭示，川西北地区深度约 20km 处存在一个 1～2km 的壳内低速带，是川西北断块向东运动的滑脱面，地震震源多位于该滑脱面附近。因此这次地震是在川西北特殊的构造背景下形成的。

岷山南北向隆起带地处川西北三角形断块内部，如图 1－11 所示。岷山隆起带西

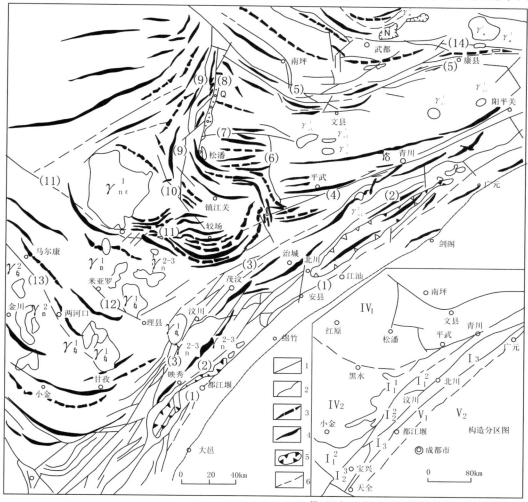

据1:20万　1:5万　1:100万（四川省地质志）等资料编制

图 1－11　川西北构造简图

1. 区域主干断裂；2. 一般断裂；3. 向斜．4. 背斜；5. 飞来峰构造；6. 推测断裂；（1）灌县—安县断裂；（2）映秀—北川断裂；（3）汶川—茂汶断裂；（4）平武—青川断裂；（5）塔藏—文县断裂；（6）虎牙断裂；（7）雪山断裂；（8）岷江断裂；（9）牟泥沟—洋洞河断裂；（10）松平沟断裂；（11）阿坝—黑水—较场弧形断裂；（12）米亚罗—理县断裂；（13）马尔康—两河口断裂；（14）武都—成县断裂；（15）广元—绵竹—大邑隐伏断裂构造单元：Ⅰ. 龙门山巨型推覆断褶带；Ⅱ. 平武—青川（也称摩天岭构造）推覆构造带；Ⅲ. 西秦岭槽褶皱带；Ⅳ. 松潘—甘孜地槽褶皱带；Ⅴ. 川西前陆盆地。

界为岷江断裂，东界为虎牙断裂和雷东断裂；北界为塔藏—文县断裂，南界为灌县—安县断裂。岷山隆起带南宽北窄，东西宽 50～90km、南北绵延约 200km；三维空间上浅部宽、深部窄。

岷山断块瓶颈效应导致龙门山中段第四纪推覆活动最为强烈，前寒武纪的彭灌杂岩被逆冲覆于三叠系须家河组之上，强大的推挤导致山前凹陷形成并接受来自岷江河水携带的大量的固体物质，形成著名的成都平原，第四纪堆积厚度达 300 余米以及凹陷盆地东缘龙泉山一带对冲断褶。因此，龙泉山断隆与龙门山中段空间上有很好的对应性，成生上有着密切关系。

对于灌县—安县断裂的活动性已有大量的研究资料，周荣军等在大邑青石坪沿该断裂开挖的探槽中，揭示出 2 次古地震事件，最新一次发生的碳 14 年龄为（3830 ± 220）～（1170 ±100）a BP。在彭州菩萨堂开挖的剖面上，灌县—安县断裂发育于洪积砂砾石和灰色、灰黑色的黏土夹碎石（断塞塘沉积）之间，由两条次级断裂组成，断面光滑，具有清晰的斜擦痕。断裂断错了 TL 年龄为（14.30 ±0.11）ka BP 的地层，表明该断裂自晚更新世晚期以来仍有较强烈的活动。沿该断裂于 1327 年和 1970 年分别发生过 6 级和 6.2 级地震。在距成都市区 70～80km 的大邑双河（西岭镇）青石坪探槽场地，揭示出碳 14 年龄为距今（860 ±40）～（930 ±40）年，折算年份为（1090 ±40）～（1020 ± 40）年最晚一次古地震事件；942～953 年 4～5 月，成都、华阳一带记载了 11 次地震事件，其中记载破坏较重的有两次，这两次地震对成都市区的破坏应达到Ⅵ度～Ⅶ度，龙门山断裂带中段是晚更新世以来强烈活动段，历史上发生过多次中强地震，现代小震成带分布，因而具备发生强震的构造条件。

龙门山构造带多数段落为全新世活动断裂、北川—映秀断裂为主要活动断裂。北川—映秀断裂具有全新世活动性，仅有的 2～3 个探槽亦揭示出史前强震的地质记录。龙门山构造带仅有 3～4 次 6.0 级以上强震，最大地震为 1657 年汶川 6.5 级地震，判定的断裂潜在地震能力在 7.0 级左右。

从历史地震和成都平原考古发现可以看出，岷山隆起南段两条断裂第四纪活动明显，与川西平原巨厚的堆积及大邑—绵阳一带众多灾变事件有很好的对应关系。根据前述的岷山隆起带南缘特大地震复发周期，汶川地震应该是三星堆灾变事件以来又一次重大事件，无数的崩塌、滑坡及 246 个堰塞湖（规模巨大的 60 余个）可以断定若发生在生产力落后的古代，地震及震后次生灾害（堰塞湖溃坝引起的特大洪水灾害）对沿河集镇及山口集镇几乎是毁灭性的。

地球物理探测与地质分析均认为岷山隆起南部三条断裂向深部收敛，在壳内低速层归并成同一滑脱面，岷山隆起带南缘的应力积累导致南缘的映秀—北川断裂和灌县—安县断裂应力高度集中，成为孕震断裂。根据汶川地震震源参数（震中牛眠沟、震源深度 18.7km），首先前山断裂发生破裂。岷山隆起瓶颈式锁固具有平面上前小后大、剖面上下小上大，由于南北两侧的夹击和向东部收口，隆起带南界活动首先应该是逆冲提供位移空间后才能发生右旋走滑。因此，汶川地震在岷山隆起带南缘以垂直逆冲为主，兼有很小的走滑分量。应力状态的瞬时变化和强大的应变能释放驱动位于震源上方的映秀—北川断裂联动并出现大规模地表破裂。破裂迅速向北东方向扩展，在东侧边界北川一带遇阻并出现累进性破坏，释放巨大应变能。

岷山隆起南缘逆冲后，锁固瞬时被取消，强大的来自西侧的推挤力迅速传向隆起东侧的平武—青川断块（震前由于岷山隆起带的屏障作用处于较低应力环境），使昔日平静的青川断块及其龙门山北段余震不断，与此同时岷山隆起西侧边界南段因岷山隆起的东移，应力状态发生了明显变化，应力调整导致两侧块体沿边界活动，结果是余震沿鱼子溪电站闸址—理县间频发活动，汶川地震余震空间分布呈对勾形。

1.2　强震对地表的破坏作用及作用机制

强震对地表的破坏表现形式多种各样：纵波、剪切波以及面波导致建筑物、窑洞、道路、桥梁及隧洞的倒塌或坍塌，这也是历次陆上地震重大伤亡的主因。在山区由于地震加速度在不同高程的放大作用，触发大量滑坡、崩塌及碎屑流；地震造成的堰塞湖溃坝，将导致大洪水横扫下游。震级大于 6.5 级的地震发生时，地表会出现破裂，并有明显错位。破裂带上的所有建筑物、道路、管网因突然大幅度错移而毁坏，含中细砂层且地下水位较浅的冲积平原及沿河低地会出现砂土液化、喷水冒砂，导致高层建筑整体倾斜；地震的强烈震动不但改变山区地貌，还会改变山区水文地质条件，导致水质污染、泉水水量减小或增大等现象。在海底发生地震，会诱发巨大海啸，导致受到影响的沿岸地带因巨浪而毁于一旦。

1.2.1　强震对房屋的破坏

汶川地震以前，我国广大地区包括城镇居民住宅及乡村居民点，很少考虑防震，楼房以砖混结构为主，预制板接头无焊接，抗震能力弱。在偏远的山村，以土坯房（如凉山州农村）或石头房（川西藏族地区）为主，抗震能力极差，因此，地震发生时大多被夷为平地。当震级大且位于极震区时，即使是框架结构的建筑，如果设防烈度偏低时，房屋同样会被毁坏。只有少数地区如青藏高原上藏族、云南纳西族等木构房屋，抗震性能较好，地震发生时虽有损坏，但多半不会倒塌，伤亡相对较轻，1996 年 2 月 3 日丽江里氏 7.0 级大地震死亡只有 305 人，抗震性较好的纳西族木构建筑起着关键性作用。2008 年 5 月 23 日国务院新闻办公室发布统计消息，汶川大地震倒塌房屋 546.19 万间，严重损坏的 593.25 万间，破坏程度可见一斑。汶川地震极震区除大量居民房屋倒塌外，一些跨度较大的教室（预制板楼板）倒塌极为严重，成为地震死亡的重灾点。如图

1-12~图1-17所示。

图1-12 北川老县城成为一片废墟

图1-13 二王庙在地震中遭到空前的破坏

图 1 - 14　预制板结构的砖混房地震中易于倒塌

图 1 - 15　阿坝烟草招待所一楼在地震中消失

图 1 - 16　映秀一框架建筑第二层在地震中消失

图 1 - 17　绵竹九龙一庙宇在地震中毁坏

震后专家组在调查报告中指出，汶川大地震造成大量房屋倒塌及相同区域房屋震害不同主要有五大原因：

（1）地震强度大。此次地震能量巨大、烈度超强、发震方式特殊、震动持续时间长，地震震源深度浅、破裂长度大、震害范围广。

（2）地质构造、不同场地条件差异。在不同地质构造的区域或虽在相同区域但不同场地条件下，由于地震波传播的方向、地震波峰值的叠加效应和共振效应等原因会导致不同区域或虽在同一区域的不同房屋震害明显不同的结果。

（3）房屋本身结构类型和建筑形式的差异。不同的房屋结构类型和建筑形式，在这次地震中体现出的抗震能力不同。以大开间、大开窗、外走廊等形式的砖混结构建筑震害较为严重，垮塌也比较多。

（4）早年抗震设防标准低。除松潘、石棉、九寨沟县外，此次地震的极重灾区和重灾区房屋建筑的最大设防烈度为 7 度，而汶川地震实际影响烈度达到了 8～11 度，地震实际影响烈度普遍超过极重灾区建筑设防烈度的 1.5～4 度，根据抗震规范对大震进行超越概率计算的结果，当实际影响烈度超过设防烈度的 1.5 度时，房屋结构将超出房屋结构主要受力构件的屈服强度和弹性变形范围，倒塌在所难免。

（5）使用不同建材及制品。20 世纪 90 年代中期以前预制空心楼板中大量使用冷拔低碳钢丝构件的房屋，以及在农村建房中大量使用"干打垒"等土筑墙形式，用泥、砂或糯米浆为主要粘结材料的房屋，其整体性和抗震性均差，在这次地震中震害严重，倒塌较多。另外，黄土地区的窑洞抗震性能也差，1920 年海原里氏 8.0 级地震直接导致窑洞倒塌，由于救援不力，共造成 25 万人在此次地震中丧生。

1.2.2　地震对交通的破坏

在山区地震中，道路遭到破坏现象非常普遍，如图 1-18～图 1-23 所示。首先是地震对桥梁的破坏，地震的摇晃很容易将桥梁摧毁，汶川地震中损毁桥梁数千座，其中现代简支梁毁坏最为严重，而老式的拱桥震害较轻，与现代简支梁桥相比，老式的拱桥整体性较好，具有较好的抗震性。其二地震是对隧洞洞口的破坏，主要表现在洞口上部边坡失稳或以各种角度切过隧洞的断裂的同震活动，汶川地震中，都汶路多个隧洞山前断裂通过处均出现塔顶、边墙破裂或路基上拱等破坏。公路内侧边坡失稳阻断公路在汶川地震中相当普遍，如映秀到耿达的鱼子溪河近 30km 的路段仅有不到 3km 的路面完好，90% 的路段被内侧边坡失稳的堆积区覆盖。对于半填半挖的公路，在地震中，外侧边坡在地震中易于垮塌，导致道路中断。在沟口段的过水公路可因沟内地震碎屑流覆盖而无法通行。铁路破坏主要是内侧边坡的滚石或滑坡等破坏铁轨而中断，位于断层带上的铁路断层位错会导致铁轨扭曲而失效。

图 1 - 18　映秀道路在地震中被右旋逆冲错断

图 1 - 19　小鱼洞大桥地震中坍塌，桥拱支梁被剪断

图 1 - 20　映秀—卧龙的道路地震中路面被埋、桥梁被砸断

图 1 - 21　安县进北川公路在地震中错断，垂直错距达 4m

图 1 – 22 映秀—卧龙自然保护区的公路 90% 被地震崩塌掩埋

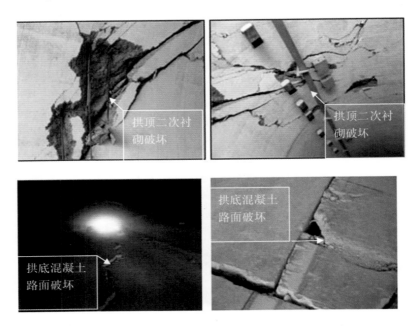

图 1 – 23 公路隧洞的洞底路面及拱顶二次衬砌在地震中破坏

1.2.3　地震对地貌的破坏

　　汶川地震对地貌的改变相当明显，如图 1-24～图 1-27 所示。主要表现为片状的崩塌、成群大型及巨型滑坡、震裂山体等。汶川地震崩塌泥石流近 5 万处，沿断裂带及深切峡谷呈带状分布，暴雨极易引发泥石流，2008 年 9 月 24 日北川泥石流几乎将老北川县城地震废墟掩埋。地震导致的高速远程滑坡导致大量村庄掩埋，青川县滑坡、崩塌掩埋的人数几乎占地震死亡人数的一半；因此汶川地震中失踪的人大多与崩塌或滑坡瞬时掩埋有关。地震滑坡或崩塌造成的堰塞湖、决口是地震改变地貌的重要营力，将在后续的章节中作详细介绍。

图 1-24　岷江两岸崩塌

图 1-25　地震使岷江两岸面目全非

图 1-26　谢家店子沟地震后地貌改变
（滑坡源区出现新的沟道，既有深切沟道下部被填平）

图 1-27　清平文家沟滑坡在很大程度上改变了原有山脊和沟谷地貌

1.2.4　地震对水文地质条件的改变

汶川地震造成了浅表层基岩发生改变的裂隙系统及第四纪堆积物的空隙，结果是许多山坡地带赖以生存的水源干枯，如青川县某村两户人家因水源干枯不得不举家迁移。绵竹东北镇谷王村、广和村、天齐村 3 个村震前村民生活用水大部分是地表水，水质差。地震后，地下水位下降，90% 以上的水井干枯，生活用水更加困难，严重影响老百姓的正常生活和生产（据陈昆资料）。

而另外一些地方泉水水量增多，不幸的是这类水源受到污染，青川县建峰乡碾子村地震后，沿前山断裂一条分支断层出露的泉水流量突然增大，冒可燃气体及黑水，还有黑色沉淀物（图 1 - 28），并引起村民的恐慌。

图 1 - 28　青川建峰乡地震后水质水量出现异常

由于地表局部地形发生了较大变化，河床因泥石流及大量泥沙而抬高，抬高幅度一般 5~8m，地下水位也随之调整；堰塞湖不但改变了堰塞坝上下游水位差，而且对库区及其两岸的地下水位影响明显，而且淹没区内的工业有毒物、农药、动物腐烂等有害物进入水体，对水体环境会产生一定影响。

1.2.5　地震中地表的宏观破裂

6.5 级以上地震一般会造成地表宏观破裂，汶川地震表现尤其明显（图 1 - 29 ~ 图 1 - 31）。沿中央断裂带从映秀牛眠沟—青川关庄出现长达 230km 的宏观破裂带，逆冲幅度达 4~5m，一般 2~3m，兼有一定的右旋水平位移。前山断裂从都江堰向峨乡至安县也出现60km长的地表宏观破裂，错移幅度与中央断裂不相上下。沿宏观破裂带上的建筑物、街道、公路及其他建筑几乎全部破坏。

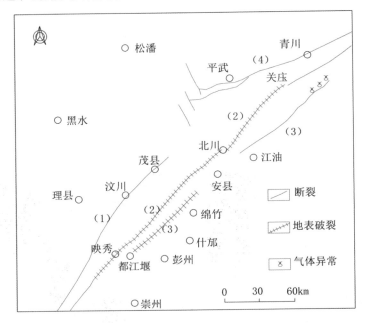

图1-29 汶川地震地表破裂图

（1）后山断裂（茂汶断裂）；（2）中央断裂（北川—映秀断裂）；（3）前山断裂；（4）青川—平武断裂

图1-30 绵竹清平公路垂直错距2.8m（中央断裂）

图 1 - 31　白鹿中学错距达 2m（前山断裂）

（两侧箭头指示山前断裂通过之处）

1.2.6　砂土液化及喷水冒砂

在覆盖层中含有一定厚度粉细砂层且地下水埋深较浅时，砂土液化是地震发生时的一种重要破坏形式（图 1 - 32）。

图 1 - 32　砂土液化景观

平原地区砂土液化是导致房屋倒塌的重要诱因,地震时饱水粉细砂土受震动,水急于排除,但因排泄不畅,原来由颗粒和水共同支撑的砂层变成由水支撑,有效应力为零,从而导致砂土液化及喷水冒砂现象(图 1 - 32),承载力丧失的基础及上部建筑物迅速下沉或斜歪,造成建筑物倒塌。汶川地震发生在山区,砂土液化总体不严重,但在山前地带同样出现砂土液化及喷水冒砂现象,对房屋的破坏起到一定促进作用,山区低阶地喷水冒砂也有出现,如在龙池、青川板桥及绵竹、什邡等地均有分布,但规模均不大。

1.3 强震次生灾害的成因与类型

1.3.1 大震后的短期直接次生灾害

大震后 72 小时是灾后生命急救的关键时期,但由于山区短期次生灾害的影响,施救工作常常受到交通等的影响,认识这些次生灾害,在演练中尽量避免或提前做好预案,使急救队员能尽快到达灾点,具有重要的现实意义。地震后的短期直接次生灾害主要有以下几个方面。

1. 火灾

地震发生后,由电器短路、房屋倒塌、煤气泄漏或明火引燃煤气、汽油等都会引发火灾。在次生灾害中,火灾造成的损失最为明显。1906 年 4 月 18 日早晨 5 点 13 分,美国旧金山发生 8.3 级地震,因为供水系统被彻底破坏,地震引发的大火几乎毁灭了整座城市。此次灾难引发了美国人对消防和地震预报工作的极度重视。1923 年日本关东发生了 8.3 级特大地震,因地震时正值日本人做饭的时间,地震时来不及关火,造成很多炉火翻倒,引发多处大火灾。由于当时日本的许多房屋是木质结构的,特别容易着火。且街道窄小、消防车开不进去,再加上自来水系统被震坏,水源断绝,只能任由大火蔓延。这次地震共造成死亡和失踪 14 万人,其中 5.6 万人是被大火烧死的。1995 年 1 月 17 日清晨 5 点 46 分,在日本神户东南的兵库县淡路岛,发生 7.2 级地震,这次地震造成的损失中,除房屋倒塌引起大量伤亡外,地震引起的火灾也造成重大人员伤亡。由于煤气管道破裂,导致煤气泄漏,引起的熊熊大火约有 200 多处。房屋设计中木结构材料过多,大量使用易燃装饰材料,更增加了火灾造成的损失。1999 年 8 月 17 日凌晨,土耳其发生 7.4 级地震,诱发伊兹米特地区蒂普拉什炼油厂的 7 个储油罐发生火灾。这个年处理 1150 万吨石油的炼油厂,在地震后化为一片废墟。经当地消防队及希腊、加拿大、挪威、日本等 19 个国家 1300 人的救援,大火仍燃烧了三天三夜,于 20 日晨才熄灭。但 21 日在储油罐的废墟上又燃起大火,当地消防队同国际救援队为了防止大火殃及城市,只好又重新部署力量,投入灭火行动。

汶川地震没有引起大规模火灾，原因主要有以下几个方面：地震极震区在山区，摇晃中输电线路首先被破坏而致断电；有地表破裂的几个城镇地下没有架设易燃的煤气或输油管道等；城镇中木构房已被砖混结构房替代；地震发生时也不是做饭的高峰期。因此，地震后未有大规模火灾现象发生，仅在局部部位倒塌废墟中有零星火灾，如图 1-33 所示。但汶川地震后的几次大的余震反而在陕西宁强等地引发火灾，究其原因是做饭的市民余震发生逃离时未来得及关闭燃气，锅内食物煮干烧燃引起厨房起火。2009 年 12 月 19 日 21 时台湾花莲发生 6.8 级地震，地震后不久，桃园八德市一处仓储发生大火，烧死一名男子。

图 1-33 汶川地震中北川县城倒塌的房屋中出现火情

据公安部消防局副局长、消防部队玉树地震前线总指挥王沁林将军于 2010 年 4 月 21 日做客人民网访谈时的介绍，2010 年 4 月 14 日 7 时 49 分发生在青海玉树的 7.1 级大地震共造成火灾 39 起。火灾发生的原因一方面在于地震发生时，很多人还在做饭，地震造成的房屋倒塌引起煤气罐泄漏等导致的火灾。另外一种大火是因为地震发生时当地早晨和晚上温差是 10~20℃，居民烤火引发了火灾。还有一种是当时一些灶火没有熄灭，在废墟中慢慢引燃起来的。

2. 地下燃气、给排水、电等管道的破坏

采用城市地下管道综合走廊的模式进行管线的铺设，是目前世界上比较先进的地下管网形式，也是城市建设和城市发展的趋势与潮流。城市地下管道综合管廊，日语称为"共同沟"，即在城市地下建造一个隧道空间，将市政、电力、通讯、燃气、给排水等各种管线集于一体，彻底改变以往各个管道各自建设、各自管理的零乱局面，如

图 1－34 所示。各管线需要开通时，只需有关负责部门接通接口即可。由于共同沟将各类管线均集中设置在一条隧道内，消除了城市上空的网状线路以及地面上竖立的电线杆、高压塔等；管线不接触土壤和地下水，避免了酸碱物质的腐蚀，延长了使用寿命；平均每千米开设一个可供行走的维修通道，采用梯子直接入内进行作业，方便了管线的维修和管理；将管道井清出主干道，减少了管道井的数量；避免了路面反复开挖，降低了路面的维护保养费用，确保了道路交通。日本阪神地震的经验说明，即使遇到强烈的台风、地震等灾害，也可以避免过去由于电线杆折断、倾倒导致的二次灾害。发生火灾时，由于不存在架空电线，有利于灭火行动迅速进行，将灾害控制在最小范围内。共同沟有效地增强了城市的防灾抗灾能力，是一种比较科学合理的模式，也是创造和谐的城市生态环境的有效途径。

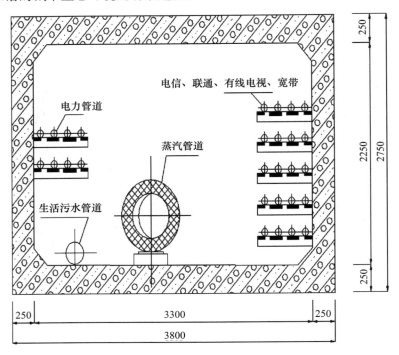

图 1－34　共同沟剖面示意图（单位：mm）

　　然而对于城市直下型地震，对于横跨断层的"共同沟"，强震造成的地表破裂和明显的位移将导致这种系统突然错动，从而破坏地下管网系统，使气体泄漏、废水外溢甚至引起火灾。1976 年唐山地震导致地下管道，地下管网遭到毁灭性破坏，如图 1－35 所示。

　　彭州白鹿中学旁有一引水电站，厂房位于山前断裂下盘，调压井位于山前断裂上盘，地震中由于上盘逆冲，直接将其间压力钢管错断，导致电站报废，如图 1－36 所示。

图 1 - 35　唐山市因地震错位的地下管道

图 1 - 36　白鹿中学旁水电站压力管道错断

3. 道路破坏

山区地震对道路的破坏主要有以下几种形式。

（1）公路内侧边坡崩塌或滑坡，崩塌堆积体直接将道路掩埋，这也是汶川地震破坏道路的常见形式，如图 1 - 37 所示。

图1-37　道路被地震崩塌掩埋（绵竹九龙）

（2）地表破裂直接错断道路，如图1-38所示。在汶川极震区，如汶川、虹口、白水河、绵竹清平、北川一线，地震造成道路错断后汽车无法通行。

图1-38　白鹿镇前山断裂公路错断形成2m的陡坎，镜头向北西

（3）填方公路路基垮塌或沉陷，使汽车无法通行，如图 1 – 39 所示。

图 1 – 39　都—汶路路基震陷

（4）公路桥被震塌或震坏，如图 1 – 40 所示。汶川地震破坏或毁坏大小桥梁近千座，较为典型的有映秀百花大桥、都汶高速紫平铺跨江大桥。

（5）隧道洞口崩塌，如图 1 – 41 所示。汶川地震导致紫平铺隧洞、桃溪隧洞等洞口塌方。

（6）隧道内垮塌，如图 1 – 42 所示。汶川地震中紫平铺隧道内山前断裂通过处有四处塌方，每处塌方数十米。

（7）沿河道路因地震造成的堰塞湖，使河水上涨，道路被淹没，汶川地震造成的如东河口堰塞湖将清溪—竹园坝公路淹没。

公路、铁路、机场被地震摧毁会造成交通中断；通讯设施、互联网络被地震破坏会造成信息灾难；城市中与人民生活密切相关的电厂、水厂、煤气厂和各种管线被破坏会造成大面积停水、停电、停气；卫生状况的恶化还会造成疫病流行等。

需要说明的是道路桥梁的破坏在地震中最为普遍，尤其是简支梁式桥在大地震中毁坏最为严重，如 1906 年的旧金山地震、1999 年中国台湾集集地震等。2008 年的汶川大地震均出现众多的桥梁倒塌，使通往灾区的生命线被中断。

图 1-40　都—汶路百花大桥地震中震塌

图 1-41　洞口被飞来的巨石封堵

图 1 - 42　拱顶塌方

4. 电力和通讯设施破坏

震后灾区调查发现，目前我国山区输电及通讯机站大多建在地形突出或单薄山梁的垭口地带，电站往往建在深切峡谷段，地震过程中极易遭到破坏。地震对电力和通讯设施的破坏主要表现在以下几方面。

（1）对水电站大坝破坏。如图 1 - 43 ~ 图 1 - 46 所示。

图 1 - 43　映秀湾水电站闸坝损坏

（地震对闸坝的影响表现在以下几个方面：止水系统的损坏；
不均匀沉降；坝体本身的损坏；金属结构的损坏等）

图 1-44　映秀湾水电站闸坝挡水坝段错位（挡水坝位错达 30cm）

图 1-45　石亭江上小水电闸坝、引水系统及厂房全部被毁

（2）对引水隧洞的破坏。引水隧洞破坏程度相对较低，主要集中在洞口段及有断层横穿隧洞处，以洞口崩塌、洞顶塌方为主。

（3）对厂房的破坏。汶川地震对厂房破坏最为严重，耿达水电站及鱼子溪水电站

图 1 – 46 崩塌对太平驿电站大坝的影响

厂房在地震中被崩塌砸毁，如图 1 – 47 和图 1 – 48 所示。石亭江及绵远河上电站厂房在地震中也未能幸免。被毁坏的不仅仅是厂房主体建筑物，发电机组也遭到毁坏，导致恢复周期延长。

图 1 – 47 电站厂房在地震中损毁

图 1 - 48　鱼子溪电站厂房在地震中被崩塌体压毁

（4）对变电站的破坏。汶川地震映秀湾变电站位于山梁之上，地形的放大作用几乎将整个变电站摧毁，耿达电站变电站毁坏也相当严重，如图 1 - 49 所示。

图 1 - 49　配电站在地震中损毁

（5）对输电线路的破坏。汶川地震后电力恢复花费了数月的时间，原因在于输电线路毁坏程度高，以铁塔毁坏及电线接触短路、甩断或拉断破坏居多，如图 1 - 50 所示。汶川地震灾害共造成 220kV 及以上主变 38 台发生跳闸，负荷损失 397.8 万 kW；德阳市绵竹市，绵阳市北川、江油、三台、安县，广元市青川、苍溪、剑阁共 8 个县全县停电。损坏主要有以下几种方式。①滚石对铁塔、电桩的毁坏。汶川地震诱发大量滑坡及崩塌，对区内输电铁塔、电桩毁坏相当严重；②地基失效对铁塔的影响。铁塔基础往往建在斜坡或突出山梁之上，地震中铁塔剧烈的摇晃或本身地基的失效导致铁塔失稳；③地震加速度直接对铁塔的破坏。铁塔往往鉴于孤立山嘴或单薄山梁之上，地震中剧烈摇晃，铁塔被折断。

图 1 - 50   高压铁塔在地震中折断

（6）对通信机站设施的破坏。建于孤立山顶上的通信机站在汶川地震中毁坏严重。

（7）停电使机站瘫痪。目前山区通信机站供电靠电网，并非太阳能，地震几秒钟内首先供电终断，机站因断电失效。

（8）信息堵塞。汶川地震中，山前平原地带因地震后通信量大增，导致终端信息堵塞，使中国移动瘫痪达 24 小时。

5 月 12 日，汶川发生 8 级大地震，而在离震中直线距离只有 19km 的紫坪铺水坝也受到地震的影响，地震造成紫坪铺水库大坝出现三条裂缝，厂房等其他建筑物墙体发生垮塌，局部沉陷，避雷器倒塌，整个电站机组全部停机。

5. 大震后的堰塞湖和溃坝

地震堰塞湖是指地震引发河谷岸坡大规模滑坡、崩塌，瞬时堵塞河流，形成天然堆石坝。堆石坝拔河高数米到数百米不等。上游水位因堰塞迅速上涨，形成堰塞湖，库容可达数亿方。

由于堰塞体松散、完整性差，如果堰塞湖水位不断上涨，将淹没堰塞坝上游沿江的城镇、道路和农田，形成灾害。堰塞湖的堵塞物会受水体浸没（软化）、冲刷、潜蚀、溶解、崩塌等作用的破坏，一般数天或数十天后就会突然翻坝决口，形成千年甚至数千年一遇的大洪水，对下游构成灾难。一旦堰塞物被破坏，出现决口，湖水便漫溢而出，形成超常的溃决洪水倾泻而下，造成下游沿岸地区严重的洪水灾害，对人类的生产、生活带来了严重的灾难。1933 年叠溪地震引起岷江两岸山峰崩塌，堵塞河道，形成 11 个堰塞湖。崩塌的山体在岷江上筑起了银瓶崖、大桥、叠溪三条大坝，把岷江拦腰斩断，使流量为每秒上千立方米的岷江断流。截断了的岷江江水立即倒流，扫荡田园农舍、牛马牲畜。叠溪城及附近 21 个羌寨全部覆灭，死亡 6800 多人。震后 1 个多月，岷江上游阴雨连绵，江水骤涨，各海子湖水与日俱增。震后第 45 天（10 月 9 日）下午 7 时，白腊寨公棚地震湖瀑溃，江水猛增。傍晚，高 160 多米的叠溪坝崩溃，积水倾湖涌出，夹带泥沙巨石，沿江而下，浪头高达 60 多米，壁立而下，浊浪排空。吼声震天，5km 之外皆闻。急流以每小时 30km 的速度急涌茂县、汶川。次日凌晨 3 时洪峰仍以 10 多米高的水头直冲灌县，沿河两岸村镇、田园被峰涌洪水一扫俱尽，数万亩农田庄稼被毁。茂县、汶川沿江的大定关、石大关、穆肃堡、松基堡、长宁、浅沟、花果园、水草坪、大河坝、威州、七盘沟、绵池、兴文坪、太平驿、中滩堡等数十村寨被冲毁。都江堰内外江河道被冲成卵石一片，将韩家坝、安澜桥、新工鱼咀、金刚堤、平水槽、飞沙堰、人字堤、渠道工程、防洪堤坝扫荡无存。邻近的崇宁、郫县、温江、双流、崇庆、新津等地均受巨灾。人畜逃避不及者，尽被卷入水中，据不完全统计约造成 2500 余人丧生，造成了我国地震史上罕见的次生水灾。这次大地震后形成的大大小小的海子相继溃决，只有公棚和白蜡寨的两个海子"大小海子"保留至今，如图 1–51 和图 1–52 所示，即今天之"叠溪海子"。叠溪海子湖面海拔 2258m，其最深处达 98m，蓄水量达 1.5 亿 m³，湖面面积 350 多万 m²。

图 1–51 1933 年叠溪地震保存至今的天然堆石坝

图 1-52　叠溪堰塞湖大海子

6. 大震后的瘟疫

据历史记载，地震发生后，灾区一般容易发生烈性传染病，主要有鼠疫、霍乱、斑疹、伤寒等。究其原因，主要有以下几个方面：大量人畜死亡后得不到妥善处理，会造成病毒病菌滋生蔓延；地震引起的饥饿、寒冷等造成灾民在地震后自身免疫能力下降；灾区环境使开展正常防疫工作受阻。

地震引起的瘟疫可造成大量人员伤亡，是主要的地震次生灾害之一。据《云南地震考》记载：1925 年云南大地震，震后许多灾民发生"闭口风"症，患者一半身体变黑，手足收缩，一两个小时即死。1556 年 1 月 23 日陕西华县 8 级地震、1920 年 12 月 16 日宁夏海原 8.5 级地震，因疫病造成的死亡人数都达数万人。

近年来，随着医疗卫生事业的发展和减灾能力的提高，中国和世界多数国家的震后烈性传染病都基本得到了控制。汶川地震和玉树地震都没有发现重大传染病疫情和突发公共卫生事件，也没有发现与饮水和食物有关的传染病暴发和流行。

7. 大震后的海啸

海啸是一种具有强大破坏力的海浪。这种波浪运动卷起的海涛，波高可达数十米，似一堵"水墙"。这种"水墙"内含极大的能量，冲上陆地后所向披靡，往往造成生命和财产的严重伤害，如图 1-53 所示。

海啸是一种灾难性的海浪，通常由震源在海底下 50km 以内、里氏震级 6.5 以上的海底地震引起。水下或沿岸山崩或火山爆发也可能引起海啸。海啸在大洋开阔海域的

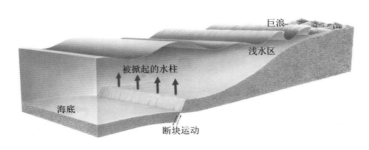

图 1-53　海底地震引发海啸机理

传播可达每小时数百千米，能量的损耗很小。它形成后，其能量是由其波长和波高决定的，在大洋深水区其波长很长，而波高不是太大。

巨大的水体扰动在大洋的深水区域是不明显的，对船只是没有威胁的。而到了近岸的浅水区，海啸的波浪的波长被迅速地压缩，导致海浪所蕴涵的能量以波高的迅速提高释放出来，以致形成高达数十米的巨浪向海岸冲击，以释放其巨大的能量。

地震海啸给人类带来的灾难是十分巨大的。剧烈震动后，巨浪呼啸，以催枯拉朽之势，越过海岸线，越过田野，迅猛地袭击城市村庄。袭击过后所到之处一片狼藉（图 1-54）到处是残木破板和人畜尸体。

1908 年 12 月 28 日晨 5 时 25 分，意大利西西里岛的墨西拿市发生 7.5 级地震，造成西西里以及意大利其他南部地区十几万人的死亡，而墨西拿市在地震和地震引发的海啸中死难者就达 8 万多人（据《环球时报》、《南方周末》及王亮亮等）。

2011 年 3 月 11 日，日本发生 9.0 级地震。地震引起的海啸给日本造成了重大人员与财产损失，如图 1-55、1-56 所示。尤为严重的是，海啸冲进了福岛核电站，造成了近年来全球最大的核泄漏事件。

百年以来死亡人数过千的 7 次大海啸如下。

（1）1908 年 12 月 28 日意大利墨西拿地震引发海啸。震级 7.5 级。在近海掀浪高达 12m 的巨大海啸，地震发生在当天凌晨 5 点，海啸中死难 82000 人，

图 1-54　2004 年印度洋海啸导致 30 万人死亡

图 1-55　2011 年日本大海啸前后地形对比

这是欧洲有史以来死亡人数最多的一次灾难性地震。

（2）1933 年 3 月 2 日日本三陆近海地震引发海啸，震级 8.9 级，引发海啸浪高 29m，死亡人数 3000 人。

（3）1959 年 10 月 30 日墨西哥海啸引发山体滑坡，死亡人数 5000 人。

（4）1960 年 5 月 21～27 日，智利沿海地区发生 20 世纪震级最大的震群型地震，其中最大震级 8.4 级，引起的海啸最大浪高为 25m。海啸使智利一座城市中的一半建筑

图 1 - 56　2011 年 3 月 11 日日本海啸造成的破坏

物成为瓦砾，沿岸 100 多座防波堤坝被冲毁，2000 余艘船只被毁，损失 5.5 亿美元，造成 1 万余人丧生。此外，海浪还以每小时 600 ~ 700km 的速度扫过太平洋，使日本沿海 1000 多所住宅被冲走，2 万多亩（1 亩 = 667m^2，下同）良田被淹没，15 万人无家可归。

（5）1976 年 8 月 16 日，菲律宾莫罗湾海啸造成 8000 人死亡。

（6）1998 年 7 月 17 日，非洲巴布亚新几内亚海底地震引发 49m 巨浪海啸，造成 2200 人死亡，数千人无家可归。

（7）2004 年 12 月 26 日印度尼西亚苏门答腊岛发生地震，引发大规模海啸。到 2006 年末为止的统计数据显示，印度洋大地震和海啸以及所造成的瘟疫灾害已经造成近 30 万人死亡，这可能是世界近 200 多年来死伤最惨重的海啸灾难，也是世界灾难史上较悲壮的一次，死亡人数已经超过 1976 年中国唐山大地震造成 24.2 万人的遇难。

8. 大震后的矿难

山区除大型铁矿和石灰石矿等大型矿山外，一般矿山需采用地下开采方式，按正规设计的国有矿山坑道和矿井在地震过程中有较好的稳定性。小型无序开采的矿山由于大量维持稳定的矿柱被采，地震中易造成矿井垮塌酿成矿难。龙门山前地带三叠系须家河组产薄煤，寒武系底部产磷。因此，山前地带煤矿和磷矿较为密集，如红白镇煤矿及金河磷矿等，地震中正在作业的工人因顶板塌落而死亡的有几处发生，但由于开采规模小或部分矿山已停产，故总的伤亡人数不多。

1.3.2 大震后的中长期间接次生灾害

强大的地震波将震前处于临界状态或安全度不高的斜坡触发会导致其失稳，因此地震之后是滑坡和泥石流的高发期，所造成的影响可以持续数年甚至数十年。震后 1~3 年的雨季属于地质灾害多发期，地质灾害隐患地区在雨季容易形成山体崩溃、泥石流、河道堵塞等灾害，造成人员伤亡和财产损失。

汶川大地震触发了大量的大（巨）型滑坡，如北川县唐家山滑坡、王家岩滑坡、景家山乱石窖滑塌、青川县东河口滑坡、石板沟滑坡、窝前滑坡、绵竹市清平乡文家沟滑坡、安县大光包滑坡等，如图 1-57~图 1-66 所示。其中安县大光包滑坡是我国乃至世界目前发现的最大地震滑坡，分布面积约为 7.12km²，估算体积达 7.42×10⁸m³。

图 1-57 汶川地震地质灾害点分布图

2009 年 8 月 9 日台风莫拉克肆虐台湾南部，造成中国台湾高雄县小林村 9 日凌晨暴发严重的泥石流。泥石流造成整个村落大约 200 户人家惨遭掩埋，600 位民众死亡。究其原因，1999 年，中国台湾地区发生了一次比较大的地震，影响深远，可是当时却无法看到或者预见到。随后的十年中，台湾地区也不断地遇到台风、飓风，可是烈度都没有达到这次莫拉克的程度，于是，那些被震酥皮的阿里山等地都还能够顶得住。可是，大的考验终于来了，就是 2010 年这次台风，原来那些已经脱离了山体的部分就在暴雨和狂风的作用下，变成了泥石流，倾泻而下。

图 1 - 58　北川县城在地震中被摧毁

图 1 - 59　东河口四个社有 780 人在汶川地震中被埋

图 1 - 60　2008 年 9 月 24 日西山坡沟暴发大规模泥石流

泥石流冲入县城，老县城几乎全部于埋（唐川摄）

图 1 - 61　泥石流侵蚀后的沟道

图 1 - 62　震后平通朱家湾泥石流

图 1 - 63　震后平通无名沟泥石流

图 1 – 64　震后陈家坝泥石流

图 1 – 65　陈家坝左岸泥石流

图 1-66　甲仙乡桥梁和道路中断、村庄进水，小林村则完全被滚滚泥石流覆盖

参 考 文 献

［1］魏格纳. 海陆的起源［M］. 北京：北京大学出版社，2006.

［2］G. C. Brown, C. J. Hawkesworth and R. C. L. Wilson, Understanding the Earth［M］. Cambridge University Press，1992，551pp.

［3］Cox, A. & Hart, R. B. Plate tectonics – How It works［M］. Blackwell Scientific Publications, Oxford, 1986，392pp.

［4］Keary, P. & Vine, F. J. （1990）Global tectonics ［M］. Blackwell Scientific Publications, Oxford，302pp.

［5］黄润秋，李为乐. "5·12" 汶川大地震触发地质灾害的发育分布规律研究［J］. 岩石力学与工程学报，2008，（12）：2585 – 2592.

［6］殷跃平. 汶川八级地震地质灾害研究［J］. 工程地质学报，2008，16（4）：433 – 444.

［7］张培震，王琪，马宗晋. 中国大陆现今构造运动的 GPS 速度场与活动地块［J］. 地学前缘，2002，9（2）：430 – 441.

［8］蒋良文，王士天，李渝生，等. 川西北倒三角形断块东部区域强震带形成机制与地震活动特征［J］. 地球科学进展，2004，9（增）：217 – 222.

［9］李勇，黄润秋，周荣军，等. 龙门山地震带的地质背景与汶川地震的地表破裂［J］. 工程地质学报，2009，17（1）：3 – 18.

［10］王运生，黄润秋，罗永红，等. The Genetic Mechanism of Wenchuan Earthquake ［J］. Journal of Mountain Science. 2011，8（2）：336 – 344.

第 2 章 强震后的救援组织管理

2.1 强震后应急救援的主要任务

地震灾害发生之后，应急救援的主要任务是通过有效的应急救援行动，尽可能地降低灾害后果的严重性，减少人员伤亡、财产损失和环境破坏等。强震后应急救援的主要任务包括现场急救、医疗巡诊、卫生防疫、心理疏导、后勤保障五个方面。

2.1.1 现场急救

地震发生后，现场灾情严重，大部分房屋倒塌，大量的群众被埋在废墟之下，面对倒塌的房屋和被埋压的幸存者，搜索、营救、医治的任务难度很大。地震废墟下的幸存者往往带有复合伤，有的病情危重，如果在搜索期间或者搜索出来后得不到及时的救治，幸存者的伤情可能迅速恶化甚至死亡。这时候需要医疗救援队及时进入压埋现场，初步评估幸存者的身体状况，为营救方案的制定提供参考。营救过程中医疗队员采取各种医疗手段，维持幸存者的生命体征，包括输液、适当的固定和心理疏导等，为营救争取时间。营救成功后再紧急给予后续治疗，护送伤员至后方医院。

5·12 汶川地震发生后，医疗救援队在北川县城菜市场河边的一处废墟中救出了 61 岁的李宁翠，她身上多处骨折、头部、胸部、腹部多处组织挫伤、坏死、感染，稍有不慎患者就有生命危险或出现截瘫。医疗救援人员进入废墟后，立即对她的脊柱实施保护措施并给予输液、吸氧等急救处理，救出废墟后再次观察伤情，包扎伤口，骨折固定。安全后送到绵阳 520 医院，之后经全力救治，生命体征恢复正常。

2.1.2 医疗巡诊

在地震救援初期，地震造成的破坏范围较广。一方面由于道路被破坏，交通受阻，而且会遇到山体滑坡、房屋倒塌的危险，导致救援队无法前行，环境安全形势严峻。救援队不得不设立移动野战医院，但医院距离震中较远，不方便及时将伤员送到移动野战医院就诊。另一方面由于灾民出于对自家财产等的担心，以及医学知识的不足，而不愿离家就医。因此，医疗队员主动出击，携带医疗设备和药品深入重灾区为灾民巡诊显得格外重要。通过巡诊可对伤员分布及医疗资源缺乏情况进行了解，及时向救灾决策部门反映，有利于调整、补充医疗资源。在巡诊过程中，对灾民进行有关知识的宣传，还可以减少疫情等次生灾害的发生。

汶川地震中，解放军总医院第四野战医疗队在保障队员自身健康的基础上，每天对队员进行检查，发现伤病员后及时进行治疗并登记。同时，医疗队设专人每天对营区和医疗区域利用电动喷雾器进行喷洒消毒。医疗队在出发前给每个队员分发口罩和手套，行动归来之后立即用消毒水浸泡双手，餐后提供多种维生素和微量元素，提高队员的抵抗力。医疗队每天向野战医院营区的水源投放消毒药片，进行检水检毒。与此同时，医疗队还帮助营区做好生活用具的消毒工作，并及时进行卫生防疫宣教。上述措施保证了整个医疗队的安全，没有发生疾病减员的情况。

2.1.3 卫生防疫

地震后人群容易感染传染病主要有以下几个方面的原因。

1. 细菌感染

地震往往导致灾区的水电供应出现问题，特别是饮水问题比较突出。因为得不到自来水供应，一些灾区群众往往选择平时不喝的类似井水、泉水甚至水库里的积水等饮用。这些未进行杀菌处理的水容易导致人的感染。在一些灾区群众集中的避难场所，如果生活垃圾、粪便没有得到及时处理，容易污染水源；同时，也容易孳生苍蝇等，造成细菌传播。一些动物在地震中死亡，尸体得不到及时处理，腐败后也容易带来污染。

2. 人群免疫力降低

由于地震后往往伴随着大的天气变化，灾区群众在灾后心态往往也比较紧张，综合作用下，人的免疫能力相对比较差。

3. 人群传播

强震后临时避难生活区人口密度大，人员之间接触频繁，造成传染病迅速在人群之间传播。

因此，医疗救援人员应该在各个巡诊点大力宣传卫生防疫知识，对当地的水源进行检水检毒并发放消毒药片净化水源。救援人员可通过对临时避难生活区进行消毒，发放消毒喷雾剂、消毒纸巾等措施防控传染病。对可疑传染病患者进行检测，及时上报国家地震灾害救援现场办公室。

2.1.4 心理疏导

地震之后，灾民面对死亡的亲人、倒塌的房屋，一方面要承受失去亲人的痛苦，一方面还对自身的安全和未来担忧，因此会出现恐惧、焦虑、失眠、精神失常、精神恍惚等各种心理创伤症状。灾民不仅需要手术和药物治疗，同时需要心理救助，以缓解和消除灾难带来的心理障碍，使他们能够重新调整自己，适应周围的环境。随着人们对心理康复需求的日益提高，为了确保受害者精神康复，灾后的心理治疗过程可能更为复杂，任务更为艰巨，必须要有专门的机构来宣传、组织人员做好这项工作。例如，医护人员可以通过和灾区群众谈话沟通，必要时给予抗焦虑药物、抗抑郁药，对灾民进行心理疏导。同时注意救援人员的心理疏导，保证救援队伍始终保持强大的战斗力。

2.1.5　后勤保障

地震救援具有复杂多变的特点，"兵马未动、粮草先行。"救援成败的每一个因素都与后勤保障有着密切的关系，救援人员到达哪里，后勤保障就要跟到哪里，一刻也不能中断。后勤保障工作具体包括以下内容：①抢险救援装备及通讯器材保障。运用各种技术力量，做好救援设备的故障检修、通讯器材的供应等工作；②油料保障。要周密计划，采取就地供应、专人负责，发挥现代运输工具的优势，由专用车辆运送，确保安全，以满足抢险救援现场供应；③饮食保障。充分供应熟食和开水，同时保证饮食卫生。特别是在长时间抢险救援战斗时，及时组织好饮料、食品供应，做到营养充足、方便可口；④生活用品保障。装备发电机、电灯、电线、洗漱用具等，便于办公和生活；⑤医疗救护保障。组织医护人员运用救护车辆、器械，对受伤灾民和救援人员进行迅速救护。

2.2　应急救援人员的组织与调配

2.2.1　应急救援的组织结构

地震发生后，应设立应急救援指挥部，其组织结构由组长（指挥长）、副组长（副指挥长）、成员三部分组成。应急领导小组组长、副组长负责参加地震灾害应急指挥部的会议，传达地震灾害应急指挥部的指示；主持领导小组会议，部署并指挥地震应急工作；向地震灾害应急指挥部报告本系统抗震救灾情况。应急领导小组成员负责完成应急预案赋予本单位的工作职责和指挥小组交办的各项任务，保证应急领导小组全面完成抗震救灾任务。

发生特别重大地震灾害，经国务院批准，由平时领导和指挥调度防震减灾工作的国务院防震减灾工作联席会议，转为国务院抗震救灾指挥部，统一领导、指挥和协调地震应急与救灾工作。

1. 国务院抗震救灾指挥部的组成

（1）指挥长：国务院领导。

（2）副指挥长：中国地震局主要负责人、国务院副秘书长、解放军总参谋部作战部负责人、发改委负责人、民政部负责人、公安部负责人。

（3）成员：外交部、教育部、科技部、国防科工委、财政部、国土资源部、建设部、铁道部、交通部、信息产业部、水利部、商务部、卫生部、海关总署、质检总局、环保总局、民航总局、食品药品监管局、安全监管总局、旅游局、港澳办、台办、新闻办、保监会、武警总部、中国地震局等有关部门和单位负责人。

国务院抗震救灾指挥部组成如图 2－1 所示。

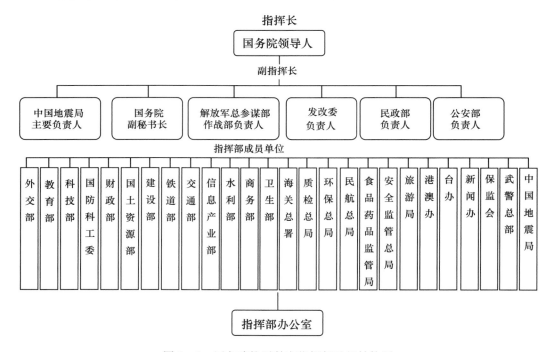

图 2－1　国务院抗震救灾指挥部组织结构图

2.2.2　应急救援人员的分类

按照参与地震现场救援行动的程度，救援人员可以分为一线救援人员、二线救援人员和三线救援人员。一线救援人员包括专业救援人员、部队官兵、警务人员以及其他直接参与现场救援的人员；二线救援人员包括医生、护士、厨师、司机、水电工等工作人员；三线救援人员包括心理咨询人员、教师、志愿者、设备维修人员、会计、出纳以及其他辅助工作人员。以下针对有代表性的救援人员进行说明。

1. 专业地震救援人员

虽然受过专业培训的地震救援人员数量不多，但在地震救援中起着重要的作用。专业的医学救援人员经过了严格的培训，拥有丰富的地震救援经验和大量装备，本身具备了在地震现场脱险救灾的能力，非专业救援人员由于缺乏专业设备和相应的经验，会对伤员造成不少二次伤害。例如，许多受伤者的伤势并不严重，但非专业救援人员不恰当的搬运使其脊椎的歪曲度很大，振荡厉害，使得脊柱骨折加剧，造成截瘫。而专业地震救援人员拥有丰富的在废墟中找人、挖人的经验和设备，不仅不会导致受伤者的二次伤害，而且可以将二次伤害缩小到最低程度。5·12 汶川地震派出的中国国际救援队，里面由三部分人组成，一部分是地震专家，一部分是工兵，还有一部分是医学救援人员。其中，医学救援人员全部是受过地震救援培训的救援人员，他们的工作除了医治伤病员，还包括对灾区进行卫生防疫工作、卫生宣教和心理疏导工作。

2. 部队官兵

由于部队具有灵活、机动、敏捷、快速等特点，才使其成为地震救灾的一支主力军，部队官兵是中国历次强烈地震灾害紧急救援中最主要的人力资源。无论是 1966 年河北邢台地震，还是 1976 年河北唐山地震，解放军官兵都及时赶赴灾区，日夜奋战于抢救现场，拯救了成千上万灾民的性命。而在 1988 年亚美尼亚斯皮塔克地震灾难中，由于缺少足够的救援人员，导致不少灾民丧失求生的机会。纵观世界各国，在强烈地震灾难发生后，为应付急需，大都动用了部队官兵。但是，部队的主要功能毕竟不是抢险救灾，在装备及效能等方面必然存在一定缺陷。针对地震灾害的特点和其救灾过程的实际情况，中国政府于 2001 年 4 月 27 日宣布组建了中国第一支"地震灾害紧急救援队"。这支队伍将是一支具有地震专业知识和熟悉地震救灾业务并根据救灾需要全面装备了的专业化的人力资源。它将类似于战争时的快速反应部队，对突然发生的破坏性地震灾害事件具有更强大的救助能力。2010 年 8 月甘肃舟曲特大洪水地质灾害发生后，从甘肃武威连夜赶来的解放军某旅政委许家明带领 1100 名官兵 8 日中午就赶到了舟曲，而他们 7 日晚上刚刚从青海玉树抗震救灾返回驻地。截至 9 日凌晨 2 时许，仍有大量武警战士、部队官兵在现场进行紧急清淤搜救工作。

3. 警务人员

为了"增强警力，强化治安防范"，地震灾区安置了大量的警务人员，包括各种学员警力。他们的主要任务是巡逻防控、警情处置、人口管理、综合管理四项常规工作。

5·12 汶川大地震后，受灾严重的四川青川县辖区内，各式各样的简陋"流动警务室"和"帐篷派出所"陆续出现在公路边和受灾群众安置点上。青川县公安局和派出所的房屋在地震中几乎全部倒塌，而在地震发生的第二天，乐安、沙洲、木鱼、乔庄等 9 个派出所民警们就用帐篷搭建起了简易的办公场所，在醒目处用木块、纸板书写上"某某派出所"，让群众看到公安机关、人民警察在与群众并肩作战。民警不分昼夜，24 小时不间断地巡逻守护，值班备勤，并在人流量大、治安情况复杂、交通繁忙的地点、路段、码头建立"流动警务室"，让民警、警车停在受灾群众随时能看见的地方，以便受灾群众在最短的时间里获得救助或进行报案，并解决群众灾后防火防盗、安全隐患等问题，让已经失去家园的人们不再受新的损失。

4. 在场的其他人员

除了受过专业培训的地震救援人员、部队官兵以及警务人员，地震灾区的幸存者、记者都可以充当地震救援人员。美国知名心理干预专家 Danial. Kirsch 教授建议地震幸存者应该尽可能地加入到救援队伍中，一方面是因为他们可以通过做这些事情暂时忘记伤痛，重新鼓起勇气。另一方面是因为他们对周围的环境比较熟悉，知道何处有急需抢救的伤员。舟曲泥石流发生之后，可以看到大量武警消防、民兵预备役人员以及由城区居民自发组成的搜救队伍源源不断赶赴灾害现场，为抢救工作做出了卓越的贡献。在 5·12 汶川大地震发生时，汶川县映秀镇渔子溪小学一个叫林浩的学生正同其他同学一起往教学楼外转移，还没有来得及跑出教学楼，便被压在了废墟之下。此时，身为班长的小林浩表现出了与年龄所不相称的成熟，他在下面组织同学们唱歌，安慰因惊吓过度而哭泣的女同学。经过两个小时的艰难挣扎，身材矮小而灵活的小林浩终于自救成功，爬出了废墟。但此时，小林浩的班上还有数十名同学被埋在废墟之下，9 岁的小林浩没有像其他孩子那样惊慌的逃离，而是又镇定地返回了废墟，将压在他旁边的两名同学救了出来，后来人们都叫小林浩为 9 岁小英雄。据统计，唐山大地震时被压埋人数为 57 万，通过自救、互救脱险的人数达到 45 万人左右。一般来说大地震后半小时内救出的被埋人员生存率达 99%，第二天救出生存率为 30% ~ 24%。由此可见，自救、互救对于减轻地震人员伤害至关重要。

5. 医务工作者

地震往往在瞬间造成巨大的伤亡，对群众的健康构成了极大的威胁。因此，医务工作者是地震救援中的一支重要的力量。医务工作者通过与搜救人员协同作战，初步评估幸存者的身体状况，为营救方案的制定提供参考。医务工作者还通过进驻当地后方医院和开展巡诊工作，抢救危重伤员，确保伤员的身体健康。此外，灾后大量难民出现恐惧、烦躁、失眠、自闭、精神恍惚等各种心理创伤症状，医务工作者在治疗疾病的同时也需要对他们进行积极的心理疏导，引导他们走出巨大灾难的阴影，重树生活的信心，帮助灾民身心恢复健康，并采取药物医治大量失眠、紧张性头痛等患者。

6. 志愿者

在强震发生后，数量庞大的伤员使医疗救援力量相对的不足。为实现救援任务的高效进行，保证专业救援力量的充分发挥，志愿者是在政府公共力量之外解决这一问题的首选社会力量。近年来，志愿者在我国重大灾难救援中已经成为一支重要力量。据统计，在汶川地震中，仅登记的直接参与抗震救灾志愿服务的志愿者就达 20 余万人，另外还有近 400 万名志愿者在积极参与形式多样的志愿服务，这是一次公民志愿服务意识在灾难面前的空前高涨。据四川团省委介绍，汶川地震灾害发生后，共组织协调了近 20 万名志愿者直接参与抗震救灾服务，他们积极参与灾区抢救、护理伤员、心理抚慰调适、排查灾害隐患、维护灾区稳定、后方后勤服务等志愿工作，前后共有近 400 万人次参与了各种志愿服务，成为抗震救灾的一支重要突击力量。

2.2.3　应急救援人员的调配

我国的抗震救灾工作，是在党中央、国务院的统一领导下，实行由中央政府及其各部门和地方各级政府及其各部门的按级分部门负责制。实践证明，各种救援力量隶属关系不同，行动场所不同，抢救目标不同，作业能力不同，科学地调配地震救援人员至关重要。以下从三个方面介绍应急救援人员的调配。

1. 搜救人员的调配

地震搜索行动通常配置两支搜索分队，每支均可作为首发队伍或后续队伍，从而持续交替执行任务。一支搜索分队应该包括搜救队长、搜救犬专家、技术搜索人员、结构专家、有毒物质处理专家及营救专家。其中，搜救队长是分队的领导者，主要负责记录灾情、与指挥部联络沟通、描述灾情并提出营救建议。搜救犬专家主要负责执行搜救犬搜索的任务，并对发现的幸存者进一步确认。技术搜索人员则通过电子仪器执行搜索任务，在 5·12 汶川大地震的搜救中，中国及世界各国的专家，利用生命探测仪进行探测，搜救出数万名被困的灾民。其中搜救出的掩埋时间最长的同胞为 170 多个小时。此外，搜救人员还应该包括有毒物质处理专家和营救专家。结构专家主要负责评估建筑物稳固性，并提出支撑加固建议。有毒物质处理专家主要负责监测搜索区域及周边空气状况，评估、鉴别并标记出毒物的威胁。营救专家主要对搜索分队进行辅助，包括电子监视设备（相机、摄像机）钻孔摆放，并负责设置监听措施。

2. 医护人员的调配

地震发生后，大量人员受伤使医护人员的数量明显不足，合理的调配医护人员，也是地震救援能否成功的关键。地震可致人体从头到脚各个部位损伤，同时灾后人们过度悲伤、紧张、劳累，加之刮风下雨、饮食不当等容易导致次生伤害。所以，在灾后救援的前期阶段，医护人员应以外科、急诊科为主，同时兼顾其他科疾病的救援治疗。在灾后救援的后期阶段，内科、皮肤科疾病患者数量明显增多，应该配置以内科、皮肤科为主的医护人员。同时，需要调配护理人员，从多个方面拓宽医疗救治的范围。据悉，玉树地震发生后，全国卫生系统紧急动员，派出的青海、四川、西藏、甘肃共 5 支 287 人的医护人员携带医药物资到达灾区，并迅速开展医疗卫生救援工作。医护人员由普通外科、骨科、神经外科、胸外科、肾内科、重症医学科、儿科、麻醉科、急诊科、感染科等相关专业医师和护士组成。他们出色地完成了玉树地震的救援任务。

3. 后勤人员的调配

地震救援的后勤人员主要包括三类。一是医疗物资的保障人员。地震发生后，大量的伤员需要医治，从而导致震区医院的医疗物资告急，只有在第一时间送达医疗物资，才能有力地保证救援工作的顺利进行。二是生活物资的保障人员。在地震后的初期阶段，救人是第一要务和重中之重，对医疗救援人员的后勤保障往往无人顾及。医疗救援队在准备物资时必须要包括生活物资，比如帐篷、被褥、水、食品等，才能保证医务人员不致病倒、有充沛的精力参加救援。三是对救援人员家庭照顾。有些救援人员的家庭在地震中同样受到重创，医院需要对这些家属进行妥善安排和照顾，以解救援人员的后顾之忧。做好后勤人员的调配工作，需要做好以下四个方面的工作。首先，在制定后勤保障预案时尽可能明确后勤保障组的领导体系，不能因组织程序而导致后勤保障出现混乱。其次，要做好后勤人员的分工，包括出发前要干什么、到达现场后应该干什么。再者，因各方面因素，到达救援现场的后勤保障人数毕竟有限，这些有限的人员就要做到一人多工。也就是一个人既可以做饭，也可以干维修车辆、维修装备等工作，这样就可以提高工作效率。不能是一人一岗，如果是这样就会导致人多没事干的局面，从而影响救援大局工作。最后，除了平时完成日常保障任务，还要随时做好救灾时的准备工作。只有加强人员资源的合理配置，才能减少后勤保障资源的分散闲置，才能提高平时服务水平和救灾时的保障能力。据悉，玉树地震发生后，由于工作量巨大，保障内容又多，并且现场环境复杂，消防人员的后勤保障工作暴露出了不少问题。一是准备工作不充分；二是参与后勤保障的人员少，分工不够明确；三是救援现场物资管理存在漏洞；四是后勤保障延续性不强；五是装备落后，数量缺乏，型号不统一，保养不方便。这些问题应该引起我们的重视。地震救援具有复杂多变的特点，救援成败的每一个因素，几乎都与后勤保障有关，做好后勤人员的调配工作是地震救援能否成功的保障。

2.3 应急救援人员的招募与甄选

2.3.1 招募救援人员的原则

1. 因事择人与量才使用相结合的原则

地震救援工作涉及各个组织和个人的合作，也涉及很多专业的救援知识，因此需要招募具有一定专业基础和救援经验的救援人员。如果所招募的人员不懂得相关的专业知识，就会影响到整个救援工作的顺利进行，也是对人力资源的浪费。同时，每个人的差异是客观存在的，所以需要根据每个人的能力大小安排合适的岗位，一个人只有处在最能发挥其才能的岗位上，才能干得最好。

2. 社会招募与定向招募相结合

救援人员的招募采用社会招募与定向招募相结合的原则。社会招募就是通过各种方式向社会招募各类人员参与到救援行动中；定向招募则是先对招募的目标提出具体要求，通过一定的渠道对特定的人群发布招募信息，有针对性地选择救援人员。

3. 公开招募与自愿报名相结合的原则

救援人员的招募采用公开招募与自愿报名相结合的原则。救援人员的公开招募是指招募部门通过透明公开的方式对救援人员进行招募，公开的信息必须充分、真实和准确，确保救援人员的知情权。另外，地震救援工作常常伴随着危险，因此救援人员可以选择报名参加。四川汶川地震后，唐山市 500 多名志愿者在第一时间赶赴现场，活跃在灾区第一线。四川地震后，唐山市地震局很重视地震救援志愿者队伍的建设，并与唐山红十字会一起发出了招募地震救援志愿者的通知。在短短的一个月时间内，就有 700 多人报名参加，地震部门随之对报名者进行了筛选。

2.3.2 招募救援人员的方式

1. 政府集中调遣

灾情发生后，应充分发挥政府的主导作用，迅速调配救援人员，可供政府调遣的救援人员一般包括各地方军队、武装警察部队、公安干警人员以及国家医疗及护理人员，等等。这些救援人员一般接受过正规救生训练，有非常专业的救生抢险知识，在抗震救灾工作中起着主力军的作用。

2. 团体统一组织

在近些年来的救灾及公益活动中，社会团体组织起着越来越大的作用。各社会团体，如红十字会、消费者保护协会等可通过政府牵头或独立组织调配力量，为受灾地区的救援做出贡献。

3. 社会公开征集

通过公众媒体、报刊、电视或信息网络等公共媒体介绍、发布招标公告或招标信息，邀请不特定的法人或者其他组织投标所进行的招标也可作为社会招募救援人员的方式。通过社会公开征集的方式，可以提高人们"一方有难，八方支援"的社会责任感，号召全民为受灾地区的救援做出贡献。

发布招募消息的渠道有文件、电视、报纸和互联网等。

2.3.3 救援人员的素质要求

地震灾难中救援现场人员不仅需要具有扎实的救援基本技能，还需要具备良好的心理素质和快速反应能力，灾后护理人员不仅需要掌握多病种护理知识、具备现场组织协调和管理能力，还需要具有相应的心理学知识和灾后心理救援的能力。由于地震救援任务时间紧迫，救灾医疗机构组建临时，加之工作条件艰苦，环境危险，任务繁重，伤情复杂，涉及面广，使救援工作的难度进一步加大。因此，对救援人员的素质提出了更高的要求。

2008 年的汶川地震中，有一个叫陈坚的小伙子，26 岁，被救援人员救出后躺在担架上还是离开了人世。看过营救过程的人，无不感到痛心疾首——不光为了一个死去的生命，也为了救援人员的无奈。陈坚从被发现到被拖出废墟，共坚持了 6 个多小时，可是我们的救援队在挖开废墟的同时却因为各种原因无法对他进行合理有效的治疗，如果当时有专业的医务人员在场，并及时地进行了治疗，陈坚也许会幸存下来，这场地震灾害造成的伤亡也许会更少些。因此，冲锋在一线的救援人员们虽然勇气可嘉，但是救援的专业素质有待于进一步提高。

2.3.4 甄选救援人员的方法

为了使地震救援工作及时有效地展开，相关部门需要选拔出一批高素质的救援队伍，进行合理调配，以更好地完成救援工作。由于地震救援工作人命关天，对救援人员的选拔比其他一些行业对人员的选拔更为严格，选拔过程也更为复杂。救援人员选拔工作主要有以下几个步骤：

（1）对有意向参加地震救援的人员的资料进行汇总，确认初试人员名单；

（2）初试考核根据实际情况采用适当的方法进行；

（3）参加初试的人员填写相关表格以及提供所需证件资料；

（4）面试时，主试人对应聘人员品德、各项技能进行了解，同时查证各项资料之可靠性；

（5）主试人于面试后 3 天内应将面试结果交由相关负责部门，以确定是否进行复试；

（6）复试合格者填写相关表格，主试者通知救援工作录取人员在规定期限内报到。

关于评估应聘者的素质和能力的方法，笔者建议采用评价中心（assessment center）技术对应聘人员的相关能力进行测评。评价中心是一种以测评被测对象能力素质为中心的标准化的一组评价活动。在这种活动中，多个评委采取结构化面谈，情景模拟测试，案例分析，心理测验等形式围绕一个中心进行测试，这个中心就是被测者的能力素质。运用评价中心技术对救援管理人员能力进行测评主要有三个步骤。

（1）题目设计。题目是确保能力测评信度和效度的关键。通常来说，设计题目时要结合地震救援实际情况，题目初稿需经地震救援专家审阅并进行试测，以确保题目与被测能力素质要项的匹配性，降低测试题目的偏离度。在题目设计时，要设计对应的评分标准，以确保评委打分的一致性。

（2）测评准备。测评准备工作的充分与否直接影响到测评实施的效果。测评前的准备工作包括评委的选定及培训、评委的分工、被测者分组、测评时间和场地安排等。不同的测评形式对评委、时间和场地的要求有所差异。

（3）测评实施。在测评实施阶段，评委需注意对测评过程中的质量控制，确保测评的顺利实施。测评结束后，对测评结果进行统计分析，就可得出救援管理人员能力素质的现状。

评价中心技术综合利用了多种测评技术，其中的情景测试题目与实际工作具有高度的相似性，这使得评价中心具有较高的信度和效度。

2.4　应急救援人员的培训

2.4.1　应急救援培训的目标和原则

1. 应急救援培训的目标

（1）明确任务。通过应急救援的培训，告诉救援人员应该做些什么事，应该怎样与其他救援人员配合。只有明确了目标任务，行动才有前进的方向，才能围绕应急救援的主题，使救援工作再上新台阶，更好地为受灾群众服务，达到事半功倍的效果。

（2）提高绩效。通过应急救援的培训，让救援人员明确应达到怎样的绩效标准，使全体救援人员在一个明确的绩效目标的指引下活动。只有提高应急救援的绩效，培训才是成功的培训，才能在抢险救援中发挥更大的作用，挽救更多的生命。

（3）所需条件。应急救援工作是需要一定的外在和内在条件的。通过培训，使受训者明确完成救援任务所需要的条件，使全体救灾人员拥有一个相对安全的救援环境，完成救援任务。

2. 应急救援培训的原则

（1）系统性原则。应系统规划地震救援培训计划，针对不同类别、层次和不同部门人员确定相应的培训目标、内容和方法。协调各层次、各类别、各部门的关系，使系统的各部分完整、平衡。在培训过程中应协调利害，以总目标协调分目标，分目标服务于总目标。

（2）重要性原则。救援培训工作的各个方面不是同等重要的。对救援培训工作应分出轻重缓急，使之重点突出。只有遵循重要性原则，才可能在整个培训过程中抓住培训问题的主要矛盾和矛盾的主要方面。

（3）持续性原则。应急救援培训不是一蹴而就的。在救援工作的不同阶段或是同一阶段的不同时期，对救援培训的要求都是不同的。所以应急救援培训应在不同的阶段以及同一阶段的不同时期，根据需要进行培训。培训工作要持续进行。

（4）可操作性原则。在应急培训的过程中，所采取的培训方法必须针对性强，明确具体，简便易行。培训具有可操作性，才能更好地对培训结果进行考核评估，加强培训效果，为以后的培训工作提供借鉴和指导。

2.4.2 应急救援培训的内容

1. 灾情介绍

地震灾情主要指人员伤亡和直接经济损失。《国家破坏性地震应急预案》根据伤亡人数和直接经济损失程度规定地震灾害分为：一般地震灾害、较大地震灾害、重大地震灾害和特别重大地震灾害。灾情介绍除了需要向所有参与应急救援的人员说明地震灾害造成的损失、可能出现的危险、参与救援的单位以外，还需要介绍灾区的人口统计资料、种族、社会经济状况、相关的政治信念等相关信息。

2. 工作职责说明

救援工作职责说明主要是为了明确各参与部门所需承担的救援工作职责、工作流程及相关政策。以新疆维吾尔自治区地震灾害紧急救援队为例，下设搜索分队、营救分队、技术保障队、急救医疗队、信息收报队和生活保障队。各个分队的工作说明如下。

（1）搜索分队的工作职责。主要指挥搜索组进行现场人工搜索与仪器搜索，指挥驯犬搜索员进行犬搜索，发现受难者后指引营救分队进行营救，并配合营救队开展救援工作。

（2）营救分队的工作职责。主要指挥营救组实施现场营救行动、指挥营救组对地震造成框架、砖混结构房屋进行支撑、顶升、破拆，设法营救受难者、配合急救医疗组对受难者进行急救；并对地震造成建筑物倒塌掩埋的重要设备、档案及易燃、易爆和有毒危险品的抢救和处理。

（3）技术保障队的工作职责。负责搜索分队和营救分队的有关地震救援业务培训，对现场救援行动进行技术支援。地震专家负责提供地震灾区地震震情、地震活动构造背景和未来强余震预测意见。建筑结构专家负责提供灾区建筑有关资料，对于拟进入的震损建筑物、拟破拆的承重构件与支撑构件进行危险性评估，对营救分队进行工程结构方面的指导。救援专家负责救援行动的安全保障，监视余震、次生灾害、震损建筑物继续坍塌的威胁，并发出警报。

（4）急救医疗队的工作职责。指挥现场医疗救护行动、从医疗救护的角度向救援队提出营救过程中应采取的必要措施、对受难者实施医疗救护，并进行心理安慰以稳定情绪、负责救援队员地震救灾现场卫生防疫保障。

（5）信息收报队的工作职责。负责地震现场救援、震情和灾情信息的搜集，将各种信息快速传输到自治区抗震救灾现场指挥部、自治区地震局和武警新疆消防总队。

（6）后勤保障队的工作职责。负责组织紧急出动时的给养携带工作及出动过程中的后勤保障工作。

3. 救援基本技能培训

地震应急救援涉及多方面的工作，培训部门需要针对不同的救援人员进行各种基本救援技能的培训。譬如，对灾区护理人员应加强急救知识的培训，包括外伤处理技能、次生灾害知识的培训、自救技能的培训、对灾民心理疏导能力的培训等。心理救助人员应该掌握心理干预具体方法的操作，以对灾后不同时期不同高危人群进行康复治疗。

4. 救援心理素质培训

与救援基本技能的培训相比，救援人员的心理素质的培训显得更为重要。可以想象，面对大量交织着鲜血与求救的场面，救援人员如果没有良好的心理承受能力，是难以完成救援工作任务的。对救援人员进行心理素质培训主要是对救援人员自我照顾及压力管理的方法进行培训。

5. 注意事项说明

注意事项说明包括后勤安排、沟通联络方式、交通情况以及在灾区的卫生及安全措施。沟通联络一定要做到准确无误、决不离题，使沟通能迅速反映出本质问题，以便对症下药，解决问题。交通情况在救灾人员的培训中非常重要，通过对受灾地区交通情况的讲解，使救灾受训人员迅速了解灾区的交通状况，这对于成功实施援救，降低受灾地区的伤亡率具有很大的作用。了解灾区的卫生及安全措施，对于救援工作的成功实施，有效防止"陈坚事件"的再次发生有很大的积极作用。

2.4.3　应急救援培训的流程

救援人员培训是救援管理中必不可少的一个重要环节，为了保证培训的效果最大化，必须设计科学合理的培训流程。地震应急救援培训的流程如图 2 - 2 所示。

在灾害发生之前，要对以往的灾区救援情况进行分析，制定培训计划，设计培训流程，以使培训高效进行。灾害发生后，要吸取教训，对以往培训方案和培训流程的不足之处加以修订，使再次发生的灾害的救援工作更加有效。

1. 认识救援培训的重要性

由于救援工作涉及面广，内容复杂，而且各有关领导部门及领导者对培训工作的重视程度参差不齐，培训工作很不平衡。在实际救援工作中应该确定救援人员培训工作在地震救援中的地位。实践证明，对抗震救灾志愿者的培训尤为重要，如果培训工作做的好，将会大大提高救援工作的战斗力。

2. 培训需求分析

人员培训需求分析（training requirement analysis）是救援培训工作的首要环节。只有确定了是否需要培训及培训内容，才能使救援培训工作有的放矢。它既是确定培训

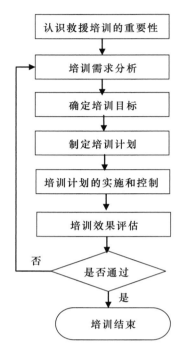

图 2-2 应急救援人员培训的流程

目标、设计培训规划的前提，也是进行培训评估的基础。培训需求分析是设计培训活动之前由培训部门、主管部门、救援专家等采用各种技术和方法，对救援组织的目标、知识、技能、态度、素质等方面进行系统的鉴别与分析，以确定需要哪方面的培训及相关内容的一个过程或活动。培训需求分析主要包括以下几方面的内容。

（1）确认差距。需求分析的基本目标就是确认差距，即确认救援工作的现有状况与应有状况之间的差距。救援工作差距的确认一般包括三个环节：一是必须对所需要的知识、技能、能力进行分析，即理想的知识、技能、能力的标准或模型是什么？二是必须对当前救援活动中尚缺的知识、技能、能力进行分析；三是必须对理想的或所需要的知识、技能、能力之间的差距进行分析。这三个环节应独立有序地进行，以保证救援培训需求分析的有效性。

（2）分析培训价值。需求分析的一个副产品就是改变分析。救援工作时刻都在发生变化，改变分析对培训就显得重要。需求分析的每一个环节都有可能面临各种挑战。通过培训需求分析，决定救援人员培训价值和成本。如果有了科学的培训需求分析，并且找到了救援工作中存在的问题，培训人员就能够把各种因素引入到培训需求分析中去。

（3）获得内部与外部的支持。如果救援培训活动能够获得信息和技能的支持，就可以避免或减少不利条件的制约。救援人员救援工作中需要了解很多救援技能，包括搜救方法，护理方法等，只有将各种技能传授给目标受训者，才能保证救援培训的最佳效果。同时，救援培训应该结合受训者的特长制定适合每一个受训者的培训计划。无论是救援组织的内部还是外部，都要为救援培训工作提供各方面的支持。

（4）培训效果评估的参照物。培训效果评估的参照物能准确地评价培训的效果。

3. 确定培训目标

培训目标是指培训活动的目的和预期成果。目标可以针对每一培训阶段设置，也可以面向整个培训计划来设定。救援培训是建立在救援培训需求分析的基础上的，培训需求分析明确了救援人员所需提升的能力，评估的下一步就是要确立具体且可测量的培训目标。有了培训目标，受训者学习才会更加有效。所以，确定培训目标是受训者培训必不可少的环节。

培训目标确定的作用表现在以下几个方面：

（1）它能结合受训者、培训方各方面的需要，满足受训者救援能力提升的需要；

（2）帮助受训者理解其为什么需要救援培训；

（3）协调救援培训的目标与组织目标的一致，使培训目标服从组织目标；

（4）可使救援培训结果的评价有一个基准；

（5）有助于明确救援培训成果的类型；

（6）指导救援培训政策及其实施过程；

（7）为救援培训的组织者确立了必须完成的任务。

4. 制定培训计划

救援人员的培训工作是一项系统工程。而且地震灾害越大，培训的时间就会越长，培训的内容就会越复杂。因此，地震应急指挥部必须根据现场的实际情况，统筹安排、全面规划，在规划期内，根据救援培训需求调查和救援培训目标，作好以下工作的规划：拟定救援培训对象；合理安排培训时间和地点；拟定培训方法；安排培训师、实验仪器、培训基地。人员培训计划工作应注重救援人员培训计划和劳动计划的衔接，力求使制定出来的计划实事求是，便于操作。培训计划主要包括以下内容。

（1）培训对象。地震救援队需要搜救、医疗、保障三方面队员的共同参与。首先是搜索队员在废墟下搜寻幸存者，确定幸存者位置；而后营救队员利用破拆工具凿出空间，医疗队员第一时间钻入废墟接近幸存者，判断幸存者伤情，采取保护措施，和营救队员一起制定营救计划。废墟下的营救是"三位一体的救援"，到废墟下开展现场急救，需要的是跨学科、跨专业的医疗队员，而非某专业上的医学专家，因此需要接受专业的培训。此外，医务和后勤保障工作需要大量志愿者的协助，对他们进行相关专业的培训，能够迅速提高救援工作的战斗力。地震应急相关部门需要根据需要和目标确定培训的对象，培训对象的选定可以由相关部门和其他需要培训的团队共同商议，以确定最终的救援人员培训名单。

（2）培训师。救援受训者在救援培训中能否迅速提高救援能力，在很大程度上取决于培训师。培训师素质的高低和对培训的准备直接影响救援培训的效果。根据培训内容的不同，地震救援培训师主要可以分为技能培训师和心理培训师。技能培训师主要负责培训救援人员在医护和救援技能方面的技巧，心理培训师则负责对受训人员进行心理方面的培训。此外，为了确保救援培训工作的顺利进行，相关部门需要提前确定救援培训师，让培训师有一个准备的过程。

（3）培训内容。地震救援行动专业而复杂，也有其独有的个性内容，需要在救援行动之前进行有针对性的培训。地震救援人员的培训内容主要包括两个方面：一是医护和救援技能方面的培训，二是心理方面的培训。技能方面的培训主要包括搜索与营救常识、通讯设备的使用、卫生防疫常识、病危伤员抢救技能等，掌握了这些技巧和方法，地震发生以后就可以迅速展开救援工作。地震救援培训另外一个方面是进行心理方面的培训，参与重特大地震灾害救援行动的救援队员由于对生还者及创伤的同情会出现严重的身心困扰，甚至心理崩溃。提前对救援人员进行心理辅导，使救援人员掌握心理自我调适和心理疏导的基本方法，可以镇定救援人员的情绪，无形中也会提高救援能力。

（4）培训的时间和期限。地震救援培训的时间和期限是救援培训计划的重要组成部分。地震救援人员的培训时间和期限由救援培训部门根据培训的内容灵活安排，培训时间少则 1~2 天，多则 2~3 周。

（5）培训的方法。地震救援培训的方法有很多，选择合适的方法，是影响救援培训效果的关键。根据培训的内容、时间和期限选择最恰当的方法尤为重要。地震救援培训方法包括地震救援基本理论知识讲解、参观地震救援实践基地、参加国内外地震救援演习等。培训师为了使全体学员对地震救援知识有一个全面的了解和掌握，可以给受训人员讲解地震救援理论知识。同时，培训师还需要理论联系实践，结合现有的地震救援装备器材和实践基地，组织全体学员进行现场参观和实践操作，让学员们和地震救援设备有了零距离的接触和亲身体验，使他们掌握地震救援设备的用途和使用方法。此外，还可采取邀请地质专家、国家地震灾害紧急救援队的队员进行现场示范，派出骨干外出参观培训的方法。在进行地震救援培训时，为了提高培训的质量，达到培训目标，往往会将多种方法结合使用。但是，在破坏力巨大的地震灾害面前，要迅速全面地提高综合救援能力，必须在原有基础上引入新的救援培训方法。日本在地震灾害救援培训中的一些理念和方法值得我们学习和借鉴。

（6）培训的地点和设备。地震灾害救援培训一般由各级地震局指导，在各级消防培训中心进行。目前，中国国家地震救援训练基地不仅是我国地震救援人员最大的训练基地，也是人们了解地震知识、提高地震防护意识和技巧的重要培训基地。自 2008

年 7 月投入运行以来，国家地震救援训练基地受到了国内外专家的一致好评。基地的主要培训职能和任务是轮训国家地震灾害紧急救援队队员、省级和地区级救援队的业务骨干、各级政府应急管理人员、社区地震救援志愿者和承担国际地震应急救援培训交流任务；为各级救援和政府应急管理人员提供了一套适应多种突发公共事件处置需要的具有较高科技含量的体验式培训和演练基地。国家地震灾害紧急救援队配备各种车辆 19 台，配有搜索仪器、营救设备、医疗器材等六类救援器材。除"斜楼"等坍塌建筑外，还有高空竖向救援及搜索训练场、模拟各种狭窄空间的地下管道训练场、烟感及真火救援训练楼、牵拉训练场、破拆训练场等。训练基地内的各种专门训练场逼真地模拟出地震时的场景。曾参与过汶川地震救援并成功救出"可乐男孩"的抗震救灾英雄卢杰就是这里的教官。

（7）培训经费预算。地震救援培训经费是整个培训活动的基础保障，但在培训中也要合理地预算经费，尽量用最少的成本获得最大的效果，将节省的费用投入到灾区最需要帮助的地方。培训费用一般包括培训费、教材资料费、交通费、伙食费等。

5. 培训计划的实施与控制

救援人员的培训计划要想达到预期的目的有赖于培训计划的有效实施。救援人员培训计划的实施需要做好两个方面的工作。一是要做好实施计划的准备工作，如相应组织机构的建立、培训时间的安排、必要的器材设备等。二是在实施培训计划的过程中要做好各部门之间的协调配合工作。由于地震救援工作繁重，救援演习更是涉及消防队、公安局、卫生局、武警部队等多个部门的协作，因此，对培训过程中所涉及的工作进行合理分工，是保障救援培训工作落到实处的关键。此外，培训师要时常与有关方面进行沟通，及时发现问题并采取纠偏措施。

6. 培训效果评估

培训效果评估（training effect assessment）是为地震救援培训师提供重要决策信息的重要环节。通过培训效果评估可以帮助培训师对救援培训需求的确定、培训目标的选择、培训计划的拟定、培训资源的控制、培训模式的改进提供有价值的判断。地震救援培训效果可以通过实战演练进行评估。地震应急救援演练应结合实际、周密安排、从难从严、科学评估，评估人员可以由相应领域内的专家、本单位的专业技术人员、主管部门相关人员担任，也可委托专业评估机构进行第三方评估。应急救援演练结束后，组织应急救援演练的部门（单位）应根据评估报告提出的问题和建议，督促相关部门和人员，制定培训整改计划，制定整改措施。

对灾害救援工作的评估多采用正式评估的方法进行，需要具有详细的评估方案、测度工具和评价标准，并尽量剔除主观因素的影响。灾害救援工作完成后，还需要对救援工作进行总结性评估，对培训效果有一个整体的把握，培训工作的不足之处要及时进行改进修正，以便指导再次的灾害救援培训工作。

参 考 文 献

［1］ 侯世科，樊毫军，杨轶．从国家地震灾害紧急救援队汶川地震救援谈科学施救［J］．中国急诊
医学杂志，2008，17（10）：1013－1015.

［2］ 周进军．地震灾害综合应急能力评估研究．北京工业大学硕士论文［D］．2009，6.

［3］ 单修政，徐世芳．地震灾害紧急救援问题综述．灾害学，2002，17（3）：71－75.

［4］ 毛鹏举，邓波，李克建．警院学员在灾民集中安置区的治安价值评议．四川警察学院学报，
2009，21（3）：97－101.

［5］ 贾桂武．武警部队参与抗震救灾行动的几点启示．灾害学，2008，23（1）：96－98.

［6］ 赵锦宁，李华强．灾害对医疗救援人员的素质要求．中国医药指南，2008，（12）：12－14.

［7］ 刘强晖，陈旭峰，陈彦，等．从江苏医疗救援队汶川地震救援实战探讨灾害医疗救援模式．中
国急救医学，2008，28（9），853－854.

［8］ 杨桄．我国公务员培训制度研究．吉林大学硕士学位论文［D］．2005，4.

第3章　强震灾害后应急救援的资源管理

应急资源是指用于或计划用于应对突发事件相关活动的各类资源，它不仅包括在突发事件应对活动中使用的资源，还包括计划使用而没有使用的资源。每次应急结束总会有部分资源剩余，这些资源虽然没有投入使用，但已经进入应急资源管理序列，在结束前不能确定是否使用，因而必须按应急资源管理。

任何应急活动都需要资源作为支撑，应急资源管理是应急管理的重要内容，做好应急资源管理对于应急管理具有非常重要的意义。由于大的地震往往伴随着次生灾害的发生，对于主震的应对结束并不意味着应急资源不再需要，因此应急资源管理还将在次生灾害应对中产生很大作用。

本章将在分析强震应急资源管理的问题和特点的基础上讨论做好应急资源管理的关键问题，主要包括应急人力资源、物力资源、财力资源的管理问题。

3.1　强震灾害后应急救援的资源保障

3.1.1　强震后应急资源保障状况

1. 汶川地震中应急资源保障情况

汶川地震引起了较多的次生灾害，包括崩塌、滑坡、泥石流；洪水、水库大坝裂缝和堰塞湖等自然灾害，以及火灾、传染病、社会恐慌、学校停课、通信交通受阻、水电供给严重不足等社会灾害。针对以上不同类型的次生灾害，我国在资源保障方面做了很多长足、有效的工作。

下面我们主要从人力资源、物力资源和财力资源三方面进行详细介绍。

人力资源：地震发生后，全国上下不同岗位、不同身份、不同年龄的人员均积极参与到抗震救灾的活动中来。主要有解放军、消防人员、医护人员、专家、媒体以及志愿者。解放军七大军区（沈阳军区、北京军区、兰州军区、济南军区、南京军区、广州军区、成都军区）和武警部队均参与了此次抗震救灾。军队由于过硬的身体素质和庞大的人员数量，为抗震救灾工作作出了很大的贡献。以成都军区为例，根据中央军委指示，成都军区方面某师出动1万人，隶属空军的空降兵某部两个师和特种大队6000人，2008年5月13日8时开始空运至灾区。成都军区驻渝某集团军48040名官兵抵达安县、都江堰和绵竹等灾区后迅速展开救灾行动，12支医疗防疫队立即投身医疗救护。驻滇某集团军2824人，13日凌晨开始从驻地向灾区机动。消防人员方面，重庆、贵州、云南、陕西、湖北、湖南、河南、辽宁、江苏、山东、上海、浙江等12个省、市公安消防总队接到公安部消防局命令后，立即组建了跨区域应急救援队，连夜赶赴四川省地震灾区参加地震灾害救援。医护方面，来自全国各地的医疗队先后进入灾区，对灾民中伤员的救治和灾后的防疫工作作了很大贡献。专家方面，2008年5月21日国家汶川地震专家委员会成立。专家委员会由跨部门、多学科、老中青专家组成，来自中国地震局、科技部、国土资源部、中国科学院、中国工程院、教育部、水利部、环境保护部、住房和城乡建设部、中国气象局等10个部门，涉及地震学、地质学、地球物理学、大陆动力学、土木工程学、灾害学及水电工程、水环境与生态、气候等22个专业学科。媒体人员也积极报道了汶川地震的灾后情况。全国各地的报刊、广播、电视媒体均竭尽全力投入，不少媒体派出记者突进灾区，发回第一手的报道，将灾区的情况全面地源源不断地向外界群众传递。来自全国各地的志愿者们参与了这次抗震救灾。志愿者中有大学教授、医生、海外华人、律师、企业高层管理人员、农民工、学生。先后几十万人迅速集结到四川，形成了不容忽视的力量。

物力资源：在应对强震引起的灾害时，不同灾害类型要求的资源类型有所不同。大量重型机器如挖掘机、装载机等在救灾过程中起到了很大的作用。由于崩塌、滑坡、泥石流这类灾害造成地面塌陷、道路堵塞、桥梁垮塌、隧道受堵、灾民房屋倒塌等，仅依靠人力无法解决时，这些机器就起到了重要的作用。加上应急救灾物资的运送也用到了大型卡车。医疗设备方面，简单的医疗用品如药品、消毒液、担架，比较复杂的可以提供手术条件的重要设备均在此次救灾工作中有所应用。此外，还有大量用于抢修水利设施、电力设施、通信设施的专用设备。

财力资源：此次救灾过程中，财力资源主要有三个主要来源：中央财政资金、社会各界的捐赠、国际援助。2008年中央财政经拨了100多亿元，2009年安排700亿元，建立灾后恢复重建基金。中国民政部提供的数据显示，2008年中国全年社会捐赠达到了1071亿元人民币，是过去十年的总和。向地震灾区的捐赠已经累计达到760多亿元人民币，其中捐款653亿元，实物折价107亿元。中国红十字会总会、中华慈善总会、各省区市、外交部、港澳办、台办等相关部门分别接收了来自各界的捐赠款物。四川汶川特大地震发生以来，国际社会向中国政府和人民表达真诚同情和慰问，并提供了各种形式的支持和援助。截至2008年7月18日，外交部及中国各驻外使领馆、团共收到外国政府、团体和个人等捐资17.11亿元人民币。其中，外国政府、国际和地区组织捐资 7.70 亿元人民币；外国驻华外交机构和人员捐资 199.25 万元人民币；外国民间团体、企业、各界人士以及华侨华人、海外留学生和中资机构等捐资 9.39 亿元人民币。

2. 强震后应急资源保障容易存在的问题

（1）应急资源种类繁多。由于强震后次生灾害的多样性，而且用于不同类型次生灾害的资源类型也很不同。比如山体崩塌、滑坡、泥石流、水坝及河堤决口；瘟疫；易燃易爆物的引燃造成的火灾；爆炸或由于管道破坏造成的毒气泄漏；细菌和放射性物质扩散对人畜生命威胁等，都需要不同的应急资源，甚至特种资源。

（2）应急资源保障任务繁重。强震后不仅所需资源种类多，由于其发生时间的不确定性及发生地点的分散性，加上每种次生灾害对不同资源的需求量也不尽相同，这就使得应急资源的保障处在时刻备战状态。不同类型的物资运输与存储的要求不同，来源与去向也不同，这增加了物资保障的难度。

（3）应急资源预测和监控是关键。如果能做好预测和监控工作，就可以很好地防止强震后次生灾害的发生，或者有效地减少随之而来的次生灾害造成的损失。由于原生灾害一般强度和毁坏性比较大，会造成道路、通信设施的损坏，加上天气等不确定因素的影响，次生灾害的应急资源的预测和监控工作就更加困难了。

（4）应急资源保障时间紧迫。一般来说，强震后一般短时间内会发生次生灾害，如滑坡、泥石流、爆炸等。这样就对应急资源的保障工作提出了新的要求，必须保证在灾害发生后尽快进行资源的调度，实施救灾。有些事发地的资源保障系统可能会在次生灾害发生时就已遭到了破坏，因此从外部调动应急资源就产生了时间的问题。

3.1.2　强震后应急资源的特点

1. 强震后的应急资源管理具有的一般应急资源管理的特点

（1）时效性。时效性是应急管理的主要特点也是应急资源的主要特点，应急资源的时效性不是指资源的保质期，而是资源发挥作用的时效性，也就是说应急资源只有在一定的时间段内投入才能发挥作用，过了时间段再多的资源也没有效果。

（2）紧迫性。应急资源的紧迫性来源于两个方面，一方面是时效性，必须在有效时间内提供；另一方面是后果的严重性，如果只有时效性，而资源缺乏的后果不严重也不会有紧迫性。

（3）强制性。应急资源的强制性包括两层含义，一方面是需求的刚性；另一方面是使用的强制性，先用后买。

（4）不确定性。信息不对称和事件发展的不可预知造成了应急资源的不确定性，应急资源的不确定性主要表现在需求不确定性、供给不确定性和运输不确定性。需求的类型、数量和时间都存在不确定性；供给的不确定性主要来源于社会供给资源的不确定，供给主体众多，无法准确把握；运输的不确定性主要是运输环境的变化增加了运输的难度，所需时间不好确定。

（5）短缺性。应急资源的短缺有两层含义，一方面是供给的不足，没有足够的资源提供，另一方面是虽然有足够的资源，但在一定时间内无法投入使用。不是所有的资源都会短缺，但短缺是必然存在的。应急资源的短缺表现在时间上，在初期阶段由于时间短无法组织足够多的资源使用，因而短缺现象严重。

（6）动态性。动态性是应急管理的重要特点，应急管理的动态性决定着应急资源的动态性，需要根据需求和供给的变化进行动态管理。

（7）相对弹性。应急资源的需求一方面表现出很强的刚性，另一方面又具有一定的弹性。刚性表现在救援资源上，弹性则表现在生活物资上，这时人们对生活水平的要求会降低，在最低线以上，具有较大的弹性。

2. 强震后次生灾害的应急资源管理相对于原生灾害的资源管理的特点

（1）以事件预防与控制资源为主，人员安置已经展开。由于次生灾害是在原生灾害后发生的，因此已经有很多资源在利用，包括人力物力，同时也储备了很多的资源。对于次生灾害的应急资源管理，我们主要是本着尽量控制原生灾害发展趋势的原则，把次生灾害发生的可能性尽量减小，最好是不发生。所以，主要是进行事件的预防为主，将资源用在预防和控制上。

（2）次生灾害的烈度一般比原生灾害小，因而资源需求量比原生灾害小。次生灾害一般都是原生灾害的后续，有时可以看做是原生灾害的一个后续阶段。由于在进行原生灾害的处置时，已经利用了大量的应急资源，一般来说都可以对灾害的趋势及影响进行有效的控制。因此，对于次生灾害来说，资源的需求量比原生灾害要小。

（3）原生灾害应急中的次生灾害，储备资源已经投入使用，新增需求以调剂为主要供应手段。原生灾害中的救灾资源一般来说数量比较多，种类也很全面，而且有大量的储备资源。为了满足原生灾害救援的需求，储备的资源已经都投入到了救灾过程中，这个阶段发生的次生灾害，对资源的需求就看作为对资源的新增需求，此时由于之前储备资源已经全部投入使用，因此要进行次生灾害资源的供给，只能从已经投放使用的资源中进行调剂。

（4）原生灾害应急结束后的次生灾害资源充足。在原生灾害应急结束后，新一轮的资源储备已经完成。加之在次生灾害发生前，相关人员对其要发生的可能性、严重程度、资源的需求量都有一定的预测，因此这个阶段发生的次生灾害，资源供给是比较充足的。往往会出现一个灾害发生地，多个资源供应点的情况。

（5）次生灾害类型比较多，需求资源差异比较大。次生灾害是在原生灾害后发生的规模比较小的灾害。原生灾害的发展存在很大的随机性和不稳定性，因此随之发生的次生灾害也是具有多种类型的。仅从地震来看，次生灾害主要有火灾、水灾（海啸、水库垮坝等）、传染性疾病（瘟疫等）、毒气泄漏与扩散（含放射性物质）、其他自然灾害（滑坡、泥石流）、停产（含文化、教育事业）、生命线工程被破坏（通信、交通、供水、供电等）、社会动乱（大规模逃亡、抢劫等）。

　　不同的次生灾害，决定了应急资源需求的多样性。针对不同的次生灾害，需要确定相应的资源调度预案与储备方案。

3.1.3　强震后次生灾害所需应急资源的类型

　　1. 按功能分

　　强震后次生灾害的应急资源按照功能进行分类可以分为事件监测资源、事件防控资源、事件处置资源。

　　事件监测资源是用来进行事件发生前的监管和检测活动的资源，包括一些相应的监测仪器及监测人员等。通过监测可以得到某地发生该事件的可能性及发生后可能会造成的影响等。

　　事件防控资源是用来进行事件的预防和有效控制的。主要包括一些预防资源和控制资源。比如进行天气的预报时，需要的气象卫星设备属于预报设备；在抗击洪水时，为防止决堤需要的大量的沙袋就属于控制资源；在传染病发生前进行预防的一些消毒工具及资源，或在发生后可以有效控制其蔓延趋势的一些药品等。

　　事件处置资源即在灾害发生中用于减轻危害或消除危害所需要的所有资源。不同的灾害处置资源的类型也不同。比如火灾中的处置资源就是水资源、消防部队；地震中的处置资源包括用于挖掘的大型机器设备，用于抢修通信、电力设备的特殊资源；雪灾中的处置资源就主要是铲雪机器、化学融雪剂等。

　　2. 按形态分

　　根据资源的存在形式，可以把应急资源分为人力资源、财力资源和物力资源。

　　在应急管理中涉及两类人、财、物，一类是被救援的人、财、物，另一类是用于救援的人、财、物，应急资源是指的后者。两类人财物可以相互转化，有些人、财、物被救援出来后就可以投入救援工作，成为应急资源。而当应急资源受到破坏后可能成为需要救援的对象。

　　三种资源也是相互辅助共同完成对事件的处置。人力资源是最为重要的资源，其他资源只有通过人力资源才能发挥作用，人力资源对安全性要求最高。物力资源的使用可以减少对人力资源的需求、提高效率、降低人力资源的危险性。在物力资源不足时可以通过增加人力补充。人力资源消耗物力资源，人力资源也不是越多越好，过多的人力会使效率下降。财力资源通过转化为物力资源发生作用，财力资源相对于物力资源有下达快、方便运送等特点，但有时大量的财力投入会使物价上涨。

3. 按来源分

根据资源的来源大体分为公共资源、征用资源、捐赠资源、自有资源四种。

公共资源主要是指政府部门和公共事业单位提供的应急资源，公共资源包括专职资源、兼职资源和临时资源。专职资源是指专门用于应急的资源，如储备物资、应急部门的人力、专项资金等。兼职资源是既负有应急职责又兼有日常管理工作的资源，如通信系统、公安系统、医疗系统等。临时资源是指没有明确应急责任的其他公共部门资源，在应急时投入应急管理。公共资源的公共属性决定着公共资源在应急管理中的基础地位，公共资源一般由行政体系所掌握，因而具有易于调度、投入快捷等特点，这也使得这类资源在应急管理的初期发挥着不可替代的作用。

征用资源是指个人和企业法人所有，先行征用事后补偿的资源。征用资源一般都是急需的资源，在应急时由于时间紧迫不能等待购买或达成协议后再用，因而会先强行征用，等事件结束后再偿还并进行必要的补偿。征用资源的使用具有强制性，一般通过立法的方式确定资源征用的合法性，资源的征用往往是由政府部门或授权单位实施。经过资源所有者同意的征用称为协商征用，如果无法联系到所有者或者无法取得所有者同意下的征用称为强制征用。

捐赠资源是指个人和企业法人所有、所有者出于公益目的放弃所有权的应急资源，捐赠之后资源的所有权就属于公共，既不属于捐赠者也不属于接收者。捐赠者有指定使用对象和监督使用的权利。捐赠资源和征用资源最大的区别在于捐赠者放弃了对资源所有权，不需要补偿。捐赠资源一般来源于外部，而征用资源往往来源于内部。目前我国的捐赠体系越来越完善了，捐赠资源在近几年的灾害救援中都起到了非常大的作用。

自有资源是指受影响群体自己拥有的资源，用于本群体内部的应对工作，如果用于其他群体的应对工作则属于捐赠或征用。自有资源的数量与种类也受到该地区大小与经济发展水平的限制，经济比较发达的地区，自有资源的数量往往会比较充足，种类也会比较丰富，相反可能就比较贫乏。一般来说，在遇到小规模的灾害时，自有资源可以起到控制与救援的作用；但在应对大规模的突发事件时，往往需要借助其他资源的帮助。

3.1.4 次生灾害所需应急资源管理中的关键问题

1. 资源需求预测与储备

由于强震后次生灾害是在原生灾害后发生，因此在次生灾害发生时已经有很多资源在利用，那么进行次生灾害的资源需求预测时就主要根据原生灾害的类型、规模、发生地的环境特点等，分析找出可能会发生的次生灾害的类型、规模，然后对症下药，针对相应的次生灾害进行资源的需求预测，包括资源的数量、种类等。

强震后次生灾害应急资源的储备分两种，第一种是在原生灾害发生前针对可能的次生灾害进行的储备，如一般的灾后防疫资源储备；另一种是在原生灾害发生后针对可能的次生灾害组织的资源储备。这里讲的次生灾害应急资源储备主要是指第二种。

对于次生灾害应急资源的储备，我们要遵循一些在原生灾害时储备的要点：①存储尽量控制成本，不要存储过多的资源，以免产生浪费；②不同的资源存储条件可能不同，比如药品的存储对于温度的要求很高，不同的药品可能要求不同的存储温度；③尽可能进行资源的全面存储，也就是说尽量存储满足各类突发灾害的资源，当然这可能是不太现实的，因此不同地区可以根据当地的突发事件的特点有选择地进行应急资源的存储。

同时，次生灾害资源储备也有其自身的特点：①储备量一般不会很多，由于在原生灾害后发生，有些将要发生的次生灾害可以很快地控制住，不会造成很严重的后果，因此也不需要太多的资源，而且本身在处置原生灾害时就会有一定的资源的储备；②资源种类比较好确定，因为在进行经常发生的原生灾害的处置时，一般对随之而来的次生灾害比较熟悉，这样就省却了进行资源种类分析的时间。

2. 资源调剂与分配

应急资源的调剂和分配实际上是要解决不同资源或者同种资源在不同地区、不同部门的分配问题。怎样进行调剂更合理，使资源发挥更有效的作用，这是一个关键问题。当前理论中，可以根据运筹学中的优化理论进行分析建模。在进行资源的分配工作时，要遵循着公平的原则，也就是说，在受灾严重的地区资源要尽量多分配，反之少分配。

3. 资源调度与供给

应急资源的调度工作是在突发事件发生后进行的一项工作。具体的工作是根据各事发点对资源的需求情况、资源实际的数量和类型以及需要参与运送的人力物力情况进行统筹安排，合理调度，达到总体效益的最大化。

对于应急资源的供给，涉及资源的储备和补充。在应对突发事件时，既要使得存储的资源尽量满足需求，又要保证在资源不足时进行及时补充。这样才能使得资源发挥其最大作用。

4. 资源的处置与补偿

应急资源的处置包括突发事件发生前后对于资源的所有安排，包括事前的预测、事中的分配、调度以及补充。可以说应急资源的处置贯穿在突发事件的整个过程中。

应急资源的补偿工作也是一项必要而且重要的工作。在进行资源的补偿时，要注意总结经验，对需要补偿的不同资源进行分析，合理安排需要补偿的数量，有时候并不是简单地消耗多少就补偿多少，要根据事件发生的阶段和影响来分析。

3.2　应急资源调配与调度

应急资源的调配与调度是整个应急管理中的一个非常重要的问题。怎样了解各地的资源需求与供给，如何制定周密的资源调度方案，这些都是我们需要研究的问题。由于突发事件的发生和发展具有不确定性，我们在制定资源调度方案时还应该注意方案的可变更性等。

3.2.1　应急资源调配与调度的原则及流程

1. 原则

（1）有利原则——有利于灾害控制和人员救援，总体救援效果最优。在救援过程中，有时候会涉及多部门的协作。有关部门在应急救助过程中，发现应急资源不足，不能满足当前的救援需求时，可以与具有资源条件的相关部门进行协作，而对方也应当负担起这个责任，因为对于突发事件的救援应该是全社会的共同责任。只有全社会的资源能得到统一的协调与安排，才能避免资源的分布不均，使得应急资源的利用成为一个有效的系统。

（2）就近原则——最快到达，调整以时间最短为目标之一。当突发事件规模比较大，事发地的应急资源无法满足需求时，这时候需要进行资源的调度工作，即需要从别的资源所在地向事件发生地调配。这是仅从交通工具上，就可以有多种选择，如公路、铁路、水路、航空等。具体进行调度时，应该根据资源的需求量、种类以及两地的距离、路况等因素进行综合考虑，但最重要的一点就是要求时间最短。因为突发事件的其中一个重要特点就是发展迅速，只有在最短的时间内进行事件的有效控制，才能防止灾情扩大，导致处理难度加大。

（3）优先原则——根据重要性确定优先级，在资源有限的情况下要保重点。突发事件在涉及多个地区时，由于可能不同地区灾害严重程度不同，因此必须在进行资源调度时有一个优先级的控制。灾情严重的地区我们称为重灾区，优先级最高。需要的资源的种类与数量也最多。在资源供应不足的情况下，尽量满足重灾区的资源需求，其他地区先暂不考虑。灾情比较轻的地区，有些当地的资源就可以自己满足应急需求，此时进行资源调度的规划时就可以不考虑这些地区。

（4）区分原则——不同资源采取不同的方式进行。不同资源在调度过程中，由于受到自身运输或储存条件的限制，需要区别对待。比如在运输油这一类的物资时，就要避免高温、震动和火源，道路尽量要选择平坦些的，有时需要特制的容器或运输工具。食品要注意的一个重要问题是保质期，尤其是有些新鲜的蔬菜以及肉类还需要一定的温度要求。还有一些药品的运输及储存也要注意，一般药品都是需要干燥条件的，有些还需要低温保存才能保存药效。也就是说，我们不能仅关注于资源的调度速度，还要确保其到达资源需求地的可用性。

2. 流程

（1）明确需求。明确需求的主要目的是明确各个地区对救援人员和救援物资的基本需求、现有资源的配置情况和缺口情况。不同受灾地区严重程度不同，对资源种类和数量的需求不同。了解不同地区的情况，对资源的合理调度非常有利。需求不单指当前救灾所需要的资源，还应包括对现有资源的补充、可能发生的其他灾害的应对资源。明确需求的方式有很多种，可以由事发地的相关人员进行统计，将需要的资源种类、数量整理成册，或者在网上建立一个共享数据库，将各个地区的资源状况进行统计，并且进行实时更新。

（2）了解供给。供给是指生产者能够提供给市场的商品以及现在市场上已经流通的商品或者服务。对于灾害后的救援而言，供给主要是对应急救援中所需求资源而言的。供给主要包括应急资金的供给和物资的供给，还包括政府的相应支出及社会各界的捐赠。按时间来分，供给主要是救灾过程中的供给和灾后重建的供给。救灾过程中的供给具体来说包括一些生活用品如食品、衣物、药品等。灾后重建的供给主要涉及当地受损的房屋、工厂、学校等生产生活设施的重建所需的物资。

（3）确定方案。在了解了资源的需求和供给后，还需要了解不同的资源所在地与事件发生地之间的距离、路况、交通状况等，然后制定合理的调度方案。具体方案的确定要看灾害所涉及的部门。方案的确定主要是由应急指挥部的成员讨论决定。方案内容包括不同资源的主要生产单位、运输单位、接收单位，不同资源的储备数量、直接参与救灾的数量和种类。还有重要的一点是如果出现天气恶劣等突发事件影响资源的运输或生产时，要有紧急预案响应，预案内容要进行初步规划。

（4）下达方案。下达方案时，方式主要有以下几种：召开会议宣布方案；建立网站，在网上进行公告；将方案条例化。会议方式主要是针对灾害处理时的指挥者们来说的，他们是方案的制定者，也是第一步执行者。会议上将具体资源调度方案公布，不同部门的参会人员将对自己负责的部分进行研究，若没有意见，下一步就具体实施资源调度方案。网上公告主要是向社会宣布方案，应用网络的力量对社会上的企业、个人进行通告，动员全社会的力量来应对灾害。第三种下达方案的方式是将其整理成文，做成专门应对次生灾害应急资源调度的方案，作为以后处理类似事件的一个参考规章制度。

3.2.2　供应短缺的应急资源的调配模型

在应对原生灾害应急过程中发生的次生灾害时，资源配置是具有一定特点的。由于此时大部分甚至全部的应急资源都已经投入应急过程中，如果此时发生次生灾害，要求我们只能从原生灾害应急中的资源中进行合理调度分配，来完成对次生灾害的应急资源处置。

1. 调度的原则

（1）要在不影响或者尽量少影响原生灾害应急处置的前提下进行资源调度。

（2）次生灾害资源调度时间尽量缩短。

（3）次生灾害资源调度尽量减少成本。

遵循上述三个原则，我们为将要建立的模型进行模型假设。鉴于有三个目标要完成，且不同目标的量纲也不相同，因此我们建立多目标决策模型来用于解决此问题。

2. 模型假设与参数设定

（1）原生灾害发生地有 m 个，记为 $A_1, A_2, \cdots, A_m$。

（2）次生灾害发生地有 n 个，记为 $B_1, B_2, \cdots, B_n$，由于不同地区次生灾害的严重程度不同，我们设置一个权重 λ_j，灾害严重地区权值比较大，$0 < \lambda_j < 1$。

（3）资源种类共有 K 种，记为 $Z_1, Z_2, \cdots, Z_K$。

（4）A_i 处资源 Z_k 的总量为 a_{ik}，且由于应急需要，该资源量不能少于 a'_{ik}；B_j 处需要资源 Z_k 的数量为 b_{jk}，A_i 与 B_j 距离为 d_{ij}。

（5）由于不同原生灾害发生地对于资源的要求紧迫程度不同，那么从不同原生灾害发生地调用不同种类的资源，有可能会对原生灾害的资源处置产生影响，为了描述影响的不同，我们设置一个单位百分比影响因子 μ_{ik}，表示在 A_i 处调用资源 Z_k 的数量占原来资源量的百分比的对于此处应急处置产生的单位影响。

（6）根据路况不同，资源的运输时间会受到不同程度的影响，我们设置参数 l_{ij}，表示从 A_i 到 B_j 的路况因子，$0 \leqslant l_{ij} \leqslant 1$，等于 0 时表示无法进行运输，等于 1 表示路况良好，为使本问题不出现时间无限长情况，均假设 $l_{ij} > 0$；由于不同资源的一些不同特点，单位时间的资源运输量是不同的，我们设置参数 e_{ijk}，表示从 A_i 调运资源 Z_k 到 B_j 时单位时间的运量。

（7）c_{ijk} 表示从 A_i 调运资源 Z_k 到 B_j 的单位成本。

3. 建模

我们的变量为从 A_i 调运到 B_j 的资源 Z_k 的数量，用 x_{ijk} 表示；根据上面的三个原则，有三部分的目标：对原生灾害应急救援的影响最小；调度成本最低；总资源运输时间最小。采用多目标规划方法，设置三个优先级 P_1, P_2, P_3，分别对应上面三个目标。用 g_1, g_2, g_3 分别表示三个目标的预期值。建立的模型如下：

$$\min \quad P_1 d_1^+ + P_2 d_2^+ + P_3 d_3^+$$

$$s.t.$$

$$\sum_{i=1}^{m} \sum_{k=1}^{K} \mu_{ik} \frac{\sum\limits_{j=1}^{n} x_{ijk}}{a_{ik}} + d_1^- - d_1^+ = g_1 \qquad (6-1)$$

$$\sum_{j=1}^{n} \lambda_{j} \sum_{i=1}^{m} \sum_{k=1}^{K} c_{ijk} d_{ij} x_{ijk} + d_{2}^{-} - d_{2}^{+} = g_{2} \tag{6-2}$$

$$\sum_{j=1}^{n} \sum_{i=1}^{m} \sum_{k=1}^{K} \frac{x_{ijk}}{l_{ij} e_{ijk}} + d_{3}^{-} - d_{3}^{+} = g_{3} \tag{6-3}$$

$$a_{ik} - \sum_{j=1}^{n} x_{ijk} \geqslant a'_{ik} , \; i = 1, \cdots, m; k = 1, \cdots, K \tag{6-4}$$

$$\sum_{i=1}^{m} x_{ijk} \geqslant b_{jk} , \; j = 1, \cdots, n; k = 1, \cdots, K \tag{6-5}$$

其中式（6-1）为资源调度对原生灾害应急救援的影响；式（6-2）为调度成本满足的式子；式（6-3）为调度时间满足的式子；式（6-4）为原生灾害发生地资源可调度量；式（6-5）为次生灾害发生地对资源的需求量。

4. 模型求解

首先要确定模型中的各个参数。关于资源需求量和现有量的参数可以根据调查研究得出；运输单位成本以及多个关于权重的参数可以有专家根据实际情况给出。

对于多目标决策模型的求解，方法有很多。当自变量个数比较少时，可以用图解法或者单纯形法来解决。还可以调用 Matlab 软件系统优化工具箱中的 fgoalattain 函数实现。

3.2.3　供应充足的应急资源的调度模型

对于原生灾害发生后的次生灾害，这时候资源供给充足，有较大的选择余地。往往是有多个资源供应点，一个资源需求点，因此合理的调度就成了关键的问题。很多研究者都对这一问题展开过深入的研究，同时就资源的合理配置与调度进行了分析，综合多方面因素，建立了不同的资源调度模型。

在对震后伤员的应急援助过程中，应急资源的科学配置非常重要。西南交通大学的学者（见本章参考文献［1］）以囤陷人员总期望存活人数最大化为目标的运筹学模型，并提出了一种按照期望存活人数最大增量顺序逐步配置搜救资源的方法，即 MESEA（more expected survivals in each allocation）。

针对于应急资源调度研究，发展较快，有学者（见本章参考文献［2］）考虑在交通事故救助中的资源需求为一辆车，把一个出事点发生后又可能会出现的事故点作为潜在需求，将其考虑为机会成本，从而进行研究；也有学者（见本章参考文献［3］）一文中考虑到资源的有效可利用性和需求的不确定性，建立了具有随机特点的数学规划模型。还有学者（见本章参考文献［4］），从区间数网络最小风险路径的选取、模糊网络最大满意路径的选取、不确定情况下的多点出救方案等几个方面进行了应急资源调度研究。还有研究（见本章参考文献［5］）涉及到多属性的资源调度问题，指出模型要满足如时间、成本、对环境的破坏情况等多个目标，采用分层单纯形算法对模型进行求解，从有效解集中找到了最优折衷解；另外，G. Barbarosoglu 等和 G. Barbarosoglu，Y. ArdaEn 分别建立了救灾援助中的直升机派遣问题的数学模型以及地震应急救灾物资运输的两阶段随机规划模型。国外也有学者特别研究了救灾援助过程中的直升机派遣类型。

3.3 应急资源管理与补偿

3.3.1 应急资源的管理

应急资源的管理涉及多个方面，主要包括应急资源的接收、存储、配送与处置。通常应急资源可分为人力、物力和财力资源。那么在进行资源的管理时方法也就有所不同。但大体上在处置突发事件时，对于应急资源的管理，大致流程如图3-1所示。

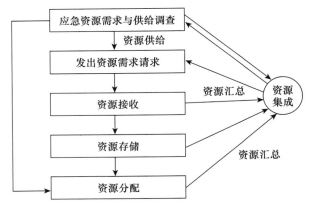

图 3-1 应急资源管理流程图

1. 应急资源的接收——特点、流程、注意事项

对于应急资源的接收来说，比较重要的问题是在了解了资源的需求后，应该在应急资源到达前提供充足的存放空间，接收资源后对资源数目及种类进行信息汇总，便于以后的资源的分配和其他处置工作。

2. 应急资源的存储——特点、流程与注意事项

应急资源的存储是一个比较重要的问题。不同的突发事件对于资源的需求往往会差别很大。最突出的就是在物力资源上。因此在进行资源的存储时一定要对常见的突发事件进行预测后，根据可能发生的时间的强度或者频率进行相关资源的存储，保证有备无患。

应急资源存储的特点是需要存储的资源种类多，存储条件各异。由于资源的不同特性，有些资源对存储条件的要求比较高。有些需要低温条件，有些需要干燥条件，差别很大，这是在进行资源存储时应该注意的问题。再一个比较重要的问题就是在进

行资源的存储时适当注意成本问题。如果在没有必要进行存储的情况下，尽量不要浪费空间及人力物力去进行资源的存储。

3. 应急资源的配送——特点、流程与注意事项

合理的资源的配送方案应该是在了解了各地应急资源的需求与供给后，进行合理的规划、调度，然后完成资源调度工作。由于资源的配送本身就需要利用资源，因此在进行资源的配送时，配送成本里面就应该加上配送资源的成本。

在进行资源配送时，一般要遵循几个重要的原则：公平性，即对于灾情严重的地区，尽可能快、多地进行资源的配送，灾情不严重的地区，尽量少分派资源；多目标性，即如果无法满足快速进行重灾区资源的配送，那么应该对距资源点比较近的事发地进行资源的配置；降低成本，即尽可能在成本低的情况下进行资源的派送，比如选择合适的运输工具、合适的道路、合适的人进行资源的配送等。

4. 应急资源的处置——内容、特点、流程与注意事项

应急资源的处置是一个比较笼统的词。涉及应急资源的所有行为都可以看做资源处置的内容。

从不同方面看，应急资源的处置包括不同的内容。从资源属性上看，应急资源的处置可以分为人力资源、物力资源以及应急资金的处置；从操作流程上看，处置包括资源的调度、存储、分配等；从资源处置的人员来分，有资源处置指挥者、资源处置实施者、应急资源使用者。

3.3.2　应急资源的返还与补偿

1. 应急物资补偿的定义及分类

应急物资补偿即是以政府为主的相关责任主体对应急处置过程中所损耗的资源进行的补偿。所损耗的物资主要是指在突发事件应对过程中，为减缓事件的发展，减低其造成的危害以及为紧急抢救、转移安置灾民所投入的物资。在这里，补偿是一个广义的概念，不仅包含对于私有物资的补偿，还包括对有些储备物资的补充。概括来讲，应急物资的补偿至少应包含三个要素：

（1）起因是突发事件，且有相应的应急处置过程。

（2）在应急处置过程中，产生了物资的损耗。

（3）相关的责任主体按照规定和一定的流程来进行。

参照《应急保障物资分类及产品目录》，应急物资可以分为生命救助类物资、工程保障类物资和工程建设物资；按照应急过程中对物资需求的紧迫程度，应急物资又可以分为不同的优先级。而在应急物资补偿过程中，补偿标准以及流程的制定很大程度上取决于补偿主体对于补偿客体的补偿责任和义务，这主要依赖于消耗的应急物资的属性，以此为依据我们可以将应急物资分为以下四种，见表3-1。

表 3 - 1   应急物资分类

类型	物资
公有物资	各级救灾应急物资储备和专业处置机构的物资
征用物资	在应急状态下，政府为保障公共利益而征用的私人物资
捐赠物资	社会各界为抗震救灾而无偿捐赠的各类救援物资
自有物资	各组织机构持有的应对自身可能遇见的突发事件的物资

由于捐赠物资是无偿的，故不存在补偿的问题，各组织机构的自有物资应由组织自身来负责补给，因此，应急物资补偿主要针对的就是对公有物资和征用物资。

2. 公有物资的应急补偿

公有物资主要是指中央和地方救灾物资储备以及公共处置机构的物资，公共处置机构包括卫生机构、公安机构、消防机构、武警、部队等。

（1）救灾储备物资补偿。救灾物资储备是突发事件应对中第一道最重要的保障线，是应急管理的坚强后盾，一旦发生大规模的突发事件，各级救灾物资储备就担负着向灾区提供物资的重要责任。

1）救灾储备物资的补偿标准如下。首先，要及时快速补充，尽量做到随调随补。由于救灾储备物资的特殊性，在调用的时候要按照相关的流程执行并作好记录，调用之后要在最短的的时间内完成补充，保证储备空缺事件最短。

其次，基于优先级，按适当比例补充。由于各类物资的需求程度不同，按此我们可以将其分为以下三级，在补充时优先补充优先级高的物资，同时要注意各类物资之间的比例，见表 3 - 2。

表 3 - 2   应急物资优先级

优先级	物资
1	生命救助类物资，如防护用品、生命支持物资、医药等
2	生活类物资，如临时住宿、动力染料、污染清理等
3	保障类物资，如照明设施、通信广播、交通运输等

再次，以最优储备量为基准，进行全额补充。一般而言，库存量受物资类型、该地区的灾害类型、灾害发生概率和规模、周边地区的物资储备情况、订货速度、采购成本、储存成本、缺货成本、物资可替代程度等因素的影响。在补充时要以最快全额补充为前提考虑费用问题。

最后，基于存储方式，适当补充。目前，救灾物资储备方式应坚持政府储备与企业储备、民间储备相结合，实物储备与资金储备和生产能力储备相结合的方式，因此，在补充的时候除了补充应急物资储备库中的物资，还应注意补充企业储备、民间储备，恢复储备物资的生产能力以及储备资金。

2）补充方式。中央级救灾储备物资是由中央财政安排资金，由民政部购置、储备和管理，而地方性的救灾储备物资的经费目前尚没有明确的规定，考虑到其公共产品的属性，此类物资的资金来源应由中央和地方分担。具体的物资补充方式可以分为以下几种：①协议采购：在突发事件发生前，即与相关企业签订紧急供货协议，以保证在应急状态下可以迅速集结到所需物资。对于某些时效性要求高的物资，尤其需要事先确定好供应企业并制定好相关规定；②招标采购：对于某些时效性要求相对弱一些且需要大量采购的物资，可通过招标的方式，坚持公开、透明，同时可以适当缩短招标期限，兼顾采购效率和采购的竞争性；③社会支援：社会各界无偿捐赠的物资也可以作为救灾储备物资的来源之一，但应注意严格审查物资的质量，保证救灾物资是完好的、可用的。

（2）专业处置机构的物资补偿。这里将在突发事件应对过程中发挥专业处置作用的机构，如医疗卫生部门、公安机构、消防机构、武警和部队等，统一称为专业处置机构。不同类型的机构在补偿时由不同的主体负责。全国性公共处置机构应由中央政府来负责，地方政府负责地方性公共处置机构的资金来源和补偿工作，准全国性公共处置机构可以通过中央政府专项转移支付或中央与地方政府共同来承担。在考虑机构性质的基础上还要考虑机构参与的事件类型，要看全国性的、中央政府组织还是地方政府组织的。

（3）应急征用物资补偿。在突发事件发生以后，往往会在短时间内需要大量物资，有些物资可能无法事先储备或者储备不足又无法通过市场购买等渠道快速到位。这种情况下，如何合法有序地征集所需物资并进行及时有效的补偿就是关系到突发事件应对的一个重要问题。

应急征用物资补偿即是指相关责任主体对应急管理过程中为保障公共利益而依照法律规定强制征用的物资的补偿。为了切实保护公众利益，提高抗震救灾能力，必须有一套完善的应急物资征用补偿机制。

1）应急征用补偿的标准。第一，以事先协议为主，尽量依照已有规定而行。在突发事件发生之前，相关部门即对本地区所需物资做好调查，建立应急征用物资目录，并制定相应的应急征用和补偿方案，与物资所属单位或个人签订协议，在紧急状态下直接按照规定进行征用和补偿。第二，以直接损失为基础，以完全补偿为目标。由于应急征用的特殊性，对于物资的损失往往无法精确衡量，一般而言，对于一次性消耗性物资应按市场价格给予补偿，对于折旧物资应按照损坏程度给付相应的补偿金，同时应考虑物资征用期间被征用单位或个人的停产停业等潜在损失，可以通过第三方进行估价的方式来进行。

2）应急征用补偿方式。不同的补偿方式可以带给被征用单位和个人不同的收益，在具体实践中应注意选择，通过多元化的补偿方式实现效益最大化。

经济补偿：衡量征用物资的损失，直接通过资金进行补偿，这是最直接的一种补偿方式，也应该作为主要的基础方式。

精神补偿：包括给予奖章、授予荣誉等。有些时候，单位和个人是出于社会责任感而在紧急状态下提供物资，因此可以通过给予适当的社会和商业荣誉，如授予"抗震救灾模范企业"等，激励社会各界积极参与抢险救灾。

政策补偿：对于某些在抢险救灾中有突出贡献的企业，可运用政府的行政权利通过税费减免、低息贷款等方式给予一定的补偿。

3）征用补偿估价。在补偿过程中可以选择不同的方式，但对于物资损耗，应以其估价作为补偿的基础，在具体补偿的过程中，应遵循图3－2中的几个步骤：

图3－2　征用补偿流程

首先，确定评价指标体系。选择代表补偿对象的几个主要特性指标，如物资的成本、已用年限、征用的时间、损坏的程度等，可综合市场情形和专家意见，假设为 $X = (x_1, \cdots, x_i, \cdots, x_n)$。

然后，对于每一个指标设定相应的权重，可由专家打分获得，$W = (w_1, \cdots, w_i, \cdots, w_n)$，将补偿对象对应的指标参数值代入得出补偿额 $Y = \sum_{i=1}^{n} w_i \times x_i$。

最后在补偿额的基础上，考虑地区差异、市场变化、物价指数等因素进行调整。

（4）应急物资补偿流程。合理的补偿流程的设置是保障补偿工作顺利实施的基础，根据前文的分析以及应急物资补偿的内在原理，我们将其分为如图3－3中的几个步骤。

1）事件辨析。在这一阶段要明确补偿工作的补偿主体和补偿客体。

一般而言，自然灾害、公共卫生事件、社会安全事件应由政府作为补偿主体，具体再根据灾害类型、发生地点、规模等信息确定中央与地方的分担比例；而对于事故灾难等，如已确认事故责任主体的，应由责任主体（包括保险公司），责任主体不明确的应由政府负责。

对于补偿客体，一方面要进行资格审核，确定其是否属于补偿的范围，依据就是应急物资补偿的三个要素；另外一方面对于已明确资格的物资要确定其属性，是属于公有物资还是征用物资，是储备资源还是专业处置机构的物资等。

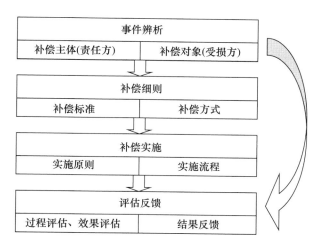

图 3 - 3　应急物资补偿流程

2）补偿细则制定。这一阶段主要是明确补偿标准并选择补偿方式。

补偿标准根据前面的分析，在明确物资属性以后，按照救灾储备物资、专业处置机构物资和应急征用物资的补偿标准分别进行核算。

对于救灾物资储备由协议采购、招标采购和社会支援三种方式，应急征用物资则可通过经济补偿、精神补偿和政策补偿三种方式相结合，选择最优的方式进行物资补偿。

3）补偿实施。这一阶段是根据上一步确定的补偿标准和补偿方式，按照一定的原则和流程实施补偿工作。

在补偿时因遵循的原则主要包括：及时性、公平性、经济补偿与精神补偿相结合、保障作用与激励作用相区分等。

具体的补偿流程就是补偿主体依照补偿原则，按照补偿标准，以合适的补偿方式对补偿客体进行补偿。

4）评估反馈。评估是一项复杂而重要的工作，有效的评估可以检验流程的设置是否合理，找出存在的问题并修正流程设置。这一阶段一方面要对补偿流程进行评估，另外还要将结果进行反馈，以完善整个过程。

过程评估和效果评估。评估应该是贯穿补偿全过程的，在每一个环节都要进行，另外还要对最终的结果进行评估，把过程评估和效果评估相结合，既要关注过程又要重视结果。

结果反馈。由于补偿流程可能会涉及不同的部门，因此要将评估的结果及时反馈给相关的部门，同时也要根据评估的结果进行相应的奖惩和改进。

5）监督。监督也是贯穿全过程的一项工作，保障补偿的公平性、及时性除了可以通过优化流程设置，还要保证实际的工作是按照规定而行的，这就需要进行监督，避免个别违规违法现象的出现。

3.4　次生灾害应对中的资金管理

用于应对次生灾害的资金与用于应对原生灾害的资金没有本质的区别，其资金管理与原生灾害应急资金的管理也比较类似，特别是在原生灾害应急中发生的次生灾害很难区别哪些资金是针对原生灾害，哪些是针对次生灾害。

3.4.1　次生灾害应急资金的来源与用途

次生灾害的应急资金的来源与用途和原生灾害类似，但也有自己的特点，具体表现为以下几个方面。

1. 来源

次生灾害的应急资金一部分来源于原生灾害的应急资金，另一部分来源针对次生灾害的专项资金，具体包括：

（1）财政资金。财政资金是次生灾害应急资金的主要来源之一，用于次生灾害的财政资金主要包括两部分：一部分是用于原生灾害的应急资金，另一部分来源针对次生灾害的专项资金。

当突发事件发生后为了保障救援和恢复工作的顺利进行，中央财政和各级地方财政会根据救援和恢复需要提供应急资金。例如，在汶川大地震中，截至 2008 年 8 月 11 日 12 时，各级政府共投入抗震救灾资金 644.04 亿元，中央财政投入 574.12 亿元，这些资金中就有相当部分用于地质灾害、灾后疫情的防控。

同时财政资金也会针对比较大的次生灾害拨付专项资金或追加财政资金支出，用于影响比较大的次生灾害，如在汶川地震中针对堰塞湖的防控等。

财政资金借助行政体系下拨，具有反应快捷的特点，如在汶川大地震发生的第二天中央财政紧急下拨地震救灾资金 8.6 亿元，而截至 5 月 18 日 17 时，中央财政已累计下拨抗震救灾资金 57.82 亿元。这在救援的初期其他资金无法到位的情况下起到了关键的作用。同时由于财政资金由行政系统管理，因此便于控制和管理，其收益群体也没有特定限制，面向全体受灾人群。

（2）捐赠资金。捐赠资金是重大突发事件的应急资金的重要来源，当发生了重大自然灾害，造成严重人员伤亡和财产损失时，社会各界就会发起捐赠，支援抗灾救灾工作。如在汶川大地震发生后全国迅速掀起捐赠热潮，截至 2008 年 6 月 5 日，共接收国内外社会各界捐赠款物总计 437.64 亿元，实际到账款物 399.12 亿元，向灾区拨付捐赠款物合计 127.95 亿元，这些款物在抗震救灾中起到了非常重要的作用。

相对于财政资金，捐赠资金来源于个人和社会团体的自愿捐献，因而捐献的种类和数量都有很大的不确定性，很多捐献都是通过实物的方式进行，所捐物资不一定是灾区最急需的物资。而有些捐赠款物会指定受益人群，增加了统计可支配资金的难度。同时捐献款物来源分布广泛，主要通过红十字会和民政部等社会福利部门接受和管理，延长了资金到位的时间。

（3）金融资金。金融资金主要是指通过银行贷款、保险理赔、发行债券和股票上市等方式筹集的应急资金。而金融部门捐赠的资金应计在捐赠资金中。金融资金也是应急资金的重要来源，特别是在恢复重建过程中发挥着重要的作用。金融资金主要来源于银行贷款和保险理赔，汶川地震发生后中国的大型银行向灾区提供紧急贷款、放松借贷条件，并改进了信用卡的还款期限，应付地震之后的经济局面。截至 2008 年 6 月底，各银行业金融机构已向四川受灾地区发放抗震救灾及灾后重建贷款 400 多亿元，其中抗震救灾类贷款 189 亿元、居民生活类贷款逾 21 亿元、恢复生产类贷款 200 多亿元，各银行业金融机构授信或贷款承诺总额达到 1863.11 亿元，甘肃、陕西、重庆有关银行业金融机构也向灾区发放紧急救灾贷款 49 亿元。由于免责条款的原因。保险资金在此次抗震救灾中占的比重很小，截至 2008 年 8 月 20 日，保险业共赔付保险金 6.1 亿元，已预付保险金 3.72 亿元。

银行资金按照贷款程序由各级银行系统发放，银行系统通过简化审批手续、特事特办的方式较快地向受灾地方政府和企业提供优惠贷款，在救援和重建中发挥了至关重要的作用。但银行作为企业，盈利是其基本目的，因此银行资金是一种投资行为，更多地应用于生产重建中。

保险公司则是在履行保险合约，投保人在灾害发生前通过交保费的方式与保险公司签订保险合约并指定理赔受益人，灾害发生后保险公司根据合约约定向指定受益人赔付保险金。一般突发事件中保险理赔比较快，如交强险在交通事故鉴定后能较快赔付，而在重大自然灾害中由于保单失落、人员失散等原因以及损失认定困难等因素使得保险理赔的过程比较慢，这时保险公司会通过预付保险金的方式加快赔付进程，更好地发挥保险资金在救灾中的作用。

金融资金主要用于灾后重建，但在次生灾害资金特别紧张的时候，也会把金融资金借用到次生灾害的应对中，政策性银行的贷款具有公益性质，可以用于次生灾害的应对中。

（4）自筹资金。突发事件发生后受灾群体也有一定的筹资能力，包括自有资金、地方财政资金，也可以通过亲朋资助或借贷等方式筹集资金。由于这些资金掌握在受灾群体手中，可以直接用于筹资者的救治或生活所需。如在雪灾发生后许多旅客都会出资满足个人所需，灾后房屋重建中除了财政补贴个人也会承担部分资金。自有资金属于个人私有，只能用于个人所需，同时为了更多地争取公共资金的支援，人们有隐瞒自有资金的倾向，因此自筹资金的信息一般不公开，很难掌握。

2. 用途

应急管理分为减轻、就绪、响应和恢复等四个阶段，次生灾害的管理也分为这四个阶段，每个阶段的工作都需要资金支持。减轻阶段的工作主要包括预防与准备工作，资金主要用于建设应急防备系统和储备应急物资，该部分资金属于日常项目投入，不在应急资金范围；就绪阶段的工作主要包括监测和预警工作，资金主要用于监测系统和组建、启动应急救援响应系统所需，这部分资金相对于其他阶段而言数量较少；响应阶段是应急管理的主要阶段，该阶段的工作主要包括事件控制、人员搜救、伤员救治等救援工作，该阶段的应急资金主要用于购买事件控制、人员搜救、伤员救治的设备和物资，称为救援资金；恢复阶段的工作主要包括快速恢复和重建两部分，快速恢复主要是指从应急状态到基本常态的转变，恢复基本的生产、生活和社会秩序，而重建则指对被突发事件破坏的生活生产设施的修复和再建，一般来讲重建工作持续的时间比较长，因而纳入正常资金预算和管理渠道，不在应急资金的使用范畴，恢复阶段的应急资金主要用于快速恢复中的后续衍生事件的控制、基础设施修复、救助困难人员的生活以及简单恢复生产需要。由于减轻阶段的资金和重建资金纳入正常资金管理范畴，按照财政预算程序分配，而就绪阶段的资金需求比较少，因而这里讨论响应阶段以及快速恢复中使用的资金。

（1）救援资金。发生在响应阶段，主要用来购买事件控制和人员救援所需的机械设备、消耗物资以及救援人员的基本生活物资，同时购买救治伤病员所需的医疗设备和药品。由于救援工作事关生命安全和灾害控制，时间紧迫因此必须优先保障。当然救援资金也不是越多越好，由于救援工作空间限制，过多的设备反倒会影响救援的进度，同时救治药品的消耗也有时间过程，如果先期购买大量药品会占用有限的救援资金。

救援资金主要是在突发事件发生早期投入，因而其来源主要是财政资金和部分自筹资金，后续的救援资金部分来源于社会捐助资金以及银行救援贷款等。

（2）快速恢复资金。发生在恢复阶段早期，主要用于快速恢复系统基本功能，在应对阶段系统处于紧急阶段，救援工作结束后，系统需要从紧急状态恢复到基本常态，包括后续衍生事件的控制、基础设施修复、救助困难人员的生活以及简单恢复生产等工作，这里的基础设施、生活设施和生产设施的恢复主要是简单的修护即可使用的部分，不包括需要重建的部分。因而快速恢复资金主要用于恢复基本社会秩序，修复交通、水、电、通信、供暖等公共基础设施，为失去家园的民众提供基本生活条件等，同时为开展生产自救提供必要的帮助。

快速恢复不同于灾后重建，灾后重建主要是针对在突发事件中受到严重破坏的生活、生产设施进行的再建，重建的设施一般丧失了基本功能，无法进行修复。快速恢复中的设施修复主要针对破坏不是很严重，通过修复后能具有基本功能的设施。一般来讲修复的时间比较短、投入也比较少。在快速恢复中公共设施的修复一般由财政或捐赠资金承担，而个人或企业的设施一般由个人、企业通过自筹资金或银行贷款承担，国家或政府会给予一定的补助。快速恢复与重建的界限不是很明晰，在快速恢复的同时可能会按排一些重建工作，如制定重建规划、下达重建资金等，这部分资金虽然在快速恢复时期下达，但其不属于应急资金。

在汶川地震后，至 2008 年年底中央从灾后恢复重建基金中拨付 441.4 亿元用于城乡居民住房恢复重建、中小学校舍维修加固、公路恢复重建、地质灾害治理，拨付 58.96 亿元用于灾区的中央单位恢复重建，合计共下达灾后恢复重建基金预算 633.49 亿元，为全面推动灾后恢复重建工作提供了有力保障。

3.4.2　应急资金管理的内容

应急资金管理按照时间过程分，可以分为储备、筹集与分配、下拨与管理、监管与审计等。

1. 应急资金储备

应急资金的储备与物资的储备不同，不存在更新问题，而且管理也比较简单。应急资金的储备主要是应急财政资金的储备，一般是由各级政府部门在财政预算中设立专项资金。专项资金的管理有严格预算管理程序，一般专款专用，如果当年有结余，会转入下一年度。我国应急资金储备的问题主要是储备资金数量太少，无法满足重大突发事件的资金需求。

除了政府设立应急专项资金外，一般企业和单位也会设立应急资金，同时个人也会保留部分应急资金。但企业和个人的应急资金比较分散，管理也是由其自己负责，一般不在应急资金储备考虑之列。

应急资金储备的一种比较特殊的形式是购买保险，保险费可以看成是应急资金储备投入。买保险与一般资金储备的差异在于：如果没有突发事件，一般储备资金不会损失，但保险费是必需的支出。

应急资金储备管理的关键问题是确定一个合理的储备水平，如果资金储备数量太多会使资金闲置太多，如果太少就会无法满足需要。

2. 应急资金的筹集与分配

应急资金的来源主要是财政、金融和捐赠，应急资金筹集的方式主要包括申请财政支持、借贷和募集。财政资金的筹集主要是确定各级财政的负担比例，特别是中央财政和属地财政的承担比例。借贷主要是向银行、社会法人和国际社会借贷，借贷的方式包括贷款、发行国债等方式，借贷的主体一般是政府或受益人。募集是应急资金筹集的重要方式，也是应急资金筹集管理的主要工作，需要完成募集资金的入账、汇总和监管等工作。

应急资金的分配是应急资金管理的难点，如何确立合理的分配原则提高资金的使用效果是应急资金分配的关键，在后面将在应急资源分配中详细讨论分配原则和方法。

3. 应急资金的下拨与管理

应急资金的下拨与管理主要是指资金从所有者向使用者转移的过程，这个过程一般通过财政体系或银行账户完成。由于这一过程涉及多个主体或部门，因而也是容易出现问题的过程。

最为常见的问题就是资金截流，资金下拨不及时。而应急资金使用的时效性会使资金截流严重影响救援和安置工作。造成截流的原因一方面是监管不到位，另一方面是下拨经手的层级太多，资金的下拨不是直接到使用者账户，而是层层审批，层层转移，这就延迟了下拨速度，客观上造成了时滞。

4. 应急资金的监管与审计

为确保救灾资金、物资按要求及时到位、严格管理和合理使用，必须对应急资金的使用全过程进行监管。负责监管的部门主要包括民政部、财政部、中纪委、审计署、最高人民检察院等。财政部负责对民政部接受资金和物品的直接监督，由民政部报送使用方案给财政部，经财政部审核后交由民政部负责实施，纪检部门会对此过程进行监督。中国慈善总会的救灾资金和物资调配方案直接由会计师事务所进行方案审核，而之后则按照审核通过的调配方案进行分配使用。类似的，中国红十字会的资金和物资调配方案受国际红十字会的工作指导和审核并独立进行方案实施。虽然相关部门对救灾资金和物资的筹措与使用实现了监督，但从实际的效果来看，这种监督的有效性受到公众的质疑。因此，如何建立和健全现有的救灾资金监管机制是一个值得探讨的问题。

3.4.3　次生灾害应急资源分配问题

1. 应急资源分配存在的问题

（1）资金分配缺乏整体性。由于没有建立起统一的资金分配体制，我国应急资金的分配比较混乱，缺乏整体性，主要表现在以下两个方面。

一是分配主体缺乏整体性，我国应急资金的分配还是多头分配的体制，财政资金由财政部门和民政部门分配，捐赠资金由募集者分配，金融资金由金融部门或地方政府分配，援建资金由援建单位负责。这种状况在救援阶段表现得特别突出，在汶川地震中各级政府都建立了救援指挥部，同时各部门也建立自己的救援指挥部，如部队资金由部队指挥系统分配，医疗系统和教育系统等也有自己的资金渠道。条块分割造成资金流向混乱，信息不便集中，这容易造成重复分配和分配不均，有些地方通过多种渠道获得资金，而有些地方可能没有获得资金的渠道。

二是各类资金缺乏整体性，由于资金分配主体不统一，各类资金的到位情况很难把握，因而无法把各类资金统一分配，在财政资金分配时不能考虑捐赠资金和金融资金的情况，从而造成各类资金重复分配，使得某些地方资金集中而另一些地方资金严重不足。如对于某些焦点地区，人们关注率比较高，此时对于这些地区的捐赠就比较多，而财政资金也会向其倾斜，这些地区就会资金比较宽裕，而对于不被关注的地区捐赠就会很少，如果财政资金不能及时补缺就会造成资金困难。

（2）平均分配现象比较严重。虽然国家各部委和各级政府明文规定应急资金不得平均分配，但在实际操作中平均分配的现象时有发生，汶川地震后国家和地方生活补贴是按人头分配每人 10 元，就没有考虑个人情况的不同。平均分配现象在基层表现得更明显，由于受传统文化的影响，不患寡而患不均的思想还广有市场，特别是农村家族力量影响比较大。

平均分配严重影响了资金的使用效果，由于受灾程度和自救能力不同使得不同人群对应急资金的短缺程度不相同，受灾严重、自身能力弱的群体需要救助的资金就多，而平均分配显然与这种需求差异不相适应，从而造成部分人群资金紧张，而部分资金只是起到锦上添花的作用。同时，平均分配也把应急资金的救助性质变成了补助性质，应急资金是为了满足突发事件的特别需要，在自身无法满足的情况下，由外部提供的具有慈善和救助性质的资金。它不同于低收入人群的补助资金，补助资金是为了解决生活困难而由财政部门提供的资金。

（3）应急资金使用效果不好。现行资金分配的效果并不十分理想。资金短缺和资金宽裕并存，没有实现应急资金效果的最大化。影响使用效果的原因主要有两个方面：

一是应急资金分配时没有把资金分配到最需要的地方，多头分配和平均分配无法真正做到按需分配，应急资金掌握在不同的部门手中，每个部门都从自身利益和工作业绩出发而不是从救援的整体利益出发分配，必然会出现擅自改变资金用途和重复分配的情况，甚至部分单位把捐赠资金当生活补助来发。

二是应急资金分配与资金使用脱离，现行应急资金管理体制中分配、使用和监管是由不同的部门负责，财政资金分配一般由财政部会同民政部进行，而使用则由民政部和救急指挥部门负责，监管则属于审计部门负责。这种政出多头的体制造成负责分配的并不负责救援和恢复，因而不了解真实的需求，也无法掌握资金的使用情况和使用效果。对于资金挪用和截留的情况不能及时掌握，应急资金不能及时到位也是影响资金使用效果的重要原因。

2. 应急资源分配的原则

（1）补缺分配原则。补缺原则就是按照资金缺口的多少进行分配，而不是按照受灾的程度进行分配，现在救援资金分配一般是按照受灾程度和对应急资金的需求来分配，按灾分配就是受灾严重的地区资金分配的多，反之则少。这一看似合理的分配原则忽视了受灾程度与资金需求之间的差异，资金需求量不一定与受灾程度成正比。同样的灾害下，人口密度大的地区和人口密度小的地区影响程度不一样，进而其资金需求量也不相同。在极端的情况下，受灾程度特别重的可能会造成幸存人员比较少，反倒使应对和快速恢复工作的任务减少，应急资金需求变少。

按照资金需求分配要比按灾分配更合理一些，但同样的资金需求下各地区自有资金也不尽相同，有些地区经济条件较好，自我筹集资金的能力较强，而有些地区自我筹集资金的能力较弱。如在汶川地震中甘肃和陕西都受到影响，情况相近，但陕西的经济相对较好，自筹能力较强，而甘肃的自筹能力较弱，资金缺口较大。应急资金应该起到雪中送炭的作用，而不应该成为锦上添花。因而在资金紧张的情况下应向资金缺口大的地方倾斜，根据资金缺口分配资金。

（2）优先原则。优先原则就是要对受灾群体进行分级，先满足优先级高的，然后再考虑优先级低的。应急资金的分配不能像撒芝麻那样，每个地方都得到一些，而每个地方得到的资金都不能满足救援需要，这样无法发挥应急资金的作用。因此必须根据受灾群体的情况对其分等级，根据优先等级的不同采取不同的处理方法。优先级的划分要考虑多种因素，主要包括受灾群体的严重性、紧迫性、重要性和敏感性等因素。①严重性。主要是考虑救援延迟带来的后果，有些特殊区域和群体如果救援不力会带来严重的后果和次生灾害，如堰塞湖若不能及时清除就会带来更大的人员和财产损失，救火时加油站的严重性显然要高于一般地区，因而要优先考虑；②紧迫性。是指救援、安置和快速恢复等工作对资金需求在时间上的要求，不同群体的需求的紧迫性不尽相同，同样的灾害不同的人的坚持时间不同，如儿童和妇女相对于体格强壮的男人坚持时间就短，所以应优先施救。自救能力弱的群体相对于自救能力强的群体，其对外部救援需求的紧迫性就强，对于紧迫性强的群体在资金分配上应优先考虑；③重要性。主要是指被救对象对于社会和整个应急工作的重要性，例如医院和医生群体对于后续的伤员施救是必需的，因而其对应急工作的重要性就比较大，电力系统和通信系统是应急工作的保障系统，其重要性也比较大，有些特殊的部门对于国家安全负有重大责任如科研院所、核能部门等也是重要性比较大的部门；④敏感性。主要是指受灾群体在公众和媒体中的关注程度，不同的区域和群体在社会的影响和关注度是不一样的，如2003年非典型性肺炎（SARS）能迅速引起关注和重视，与发生在北京有直接关系。有些群体也很容易引起社会的关注，如幼儿园和学校，由于孩子们的安危牵动着很多家长的心，也很容易引起大家的同情，因而也是敏感性比较高的单位，如在汶川地震中汶川中学和幼儿园救援工作的进展始终是媒体报道的重点。

这四个方面在优先级上并不是同等重要，它们之间也有个重要性的问题，由于严重性的影响最大，因而其最重要，其次是紧迫性和重要性，敏感性最次。严重性和紧迫性存在一定的关联，一般严重性高的群体其紧迫性也高，但二者也不是必然的正比关系，如在汶川地震发生早期堰塞湖处于形成和积蓄过程，此时其崩溃的可能并不高，其紧迫性就不如人员施救工作高；而随着堰塞湖水位的抬高，其紧迫性不断增加，逐步超过了人员施救的紧迫性。因而优先级应该实施动态管理，应急资金的分配也应实施动态分配或者动态调整以适应情况的变化。

（3）有效性原则。有效性原则是指应急资金分配应考虑救援工作可预见的效果，在应急资金紧缺的情况下对于预见效果好的救援工作要重点支持，从而使得有限应急资金总的使用效果达到最佳。我们把救援工作的可预见效果称为救援工作的有效性，有些救援工作虽然很紧迫但其不具有有效性，如在汶川地震发生三周后，人员存活的概率就非常小，而此时人员施救工作的有效性就很小。

救援工作可预见的效果虽然与主观努力有关，但更多的是由救援对象的客观情况决定，例如同样的两个楼板下面分别压住了 1 个人和 5 个人，移动第二个楼板可一次性救出 5 个人，显然其有效性要远大于第一个楼板，当然救援对象客观情况的差异更多地体现在救援难度和救援时间上。关于有效性的刻画陈安博士提出了可减缓性、可挽救性和可恢复性等三个概念，分别从灾害控制、救援难度和恢复价值等方面描述了救援对象的有效性，这三个概念可以有效地解决救援工作有效性评价问题。

（4）全局性原则。全局性原则要求从整个应急工作的全局出发考虑资金的分配问题，全局性原则包括两个含义。

一是应急资金分配范围要实现全局"一盘棋"，在应急资金分配时应从有利于应急工作的全局出发，建立统一的资金分配体制，改变多头分配和多级分配的现状，全部的资金都通过全国救援指挥中心分配到各省市的前线救援指挥中心，然后由前线指挥中心根据救援工作的需要统一使用，采购成所需物资，然后以实物的形式分发到各救援点和安置点，从而实现救援资源的统一调配和使用，提高资源的使用效率。

二是分配资金涵盖全部的资金，首先要实现各级财政资金和不定向的捐赠资金统一分配和统一使用，改变捐赠资金"谁募集谁分配"的现状，由救援指挥中心统一分配。对于不能统一分配的资金如定向捐赠资金和金融资金，则必须实行备案制度，便于掌握资金流向，在分配可支配资金时应充分考虑各群体已得到或确认可得到的其他资金数，然后再分配资金。

（5）相对公平原则。公平问题一直是大家讨论的热点，在实际中也存在着以公平的名义进行平均分配的现象，但公平不等于平均，而相反平均分配是影响公平的重要因素，不同的受灾程度得到同样的救助显然是最大的不公平。在救援阶段生存是最大的利益，人们关注的焦点在如何有效地救人，而对于个人利益的诉求不太看重，因此人们对公平性的要求也就降低了。同时由于客观情况差别很大，也很难追求绝对的公平。但并不是说救援资金的分配就可以不讲公平，救援阶段由于受到精神刺激，人们的情绪不稳定，明显的分配不公平会引起人们的公愤。人们判断是否公平的主要方法是与同类的人对比，因而在资金分配时应做到同类群体保障水平基本相同、相似群体之间相差不大，也就是要实现相对公平。

在快速恢复阶段由于生命安全得到了保障，人们把注意力重新转移到了个人利益上，因此人们对公平的关注更多了，快速恢复资金的分配必须更加强调公平。恢复资金分配不仅要考虑受灾群体之间的公平，还要考虑受灾群体和非受灾群体之间的公平，如果救助标准过高，超出了实际损失值，必然会在受灾群体和非受灾群体之间造成不公平，非受灾群体中间会产生不平衡的心理。

参 考 文 献

［1］ 李良、郭强、李军. 震后紧急搜救资源配置问题研究. 系统工程，2008，27（8）：1 - 7.

［2］ H. D. Sherali. S. Opportunity Cost - based models for traffic incident response problem, 1999.

［3］ Kaan Ozbay, Weihua Xiao, Cem Iyigun, M. Baykal - Gursoy. Probabilistic Programming Models for Response vehicle dispatching and resource allocation in traffic incident management, working paper, 2004, http：//www. coe. rutgers. edu/ie/resource/research_ paper/paper_ 04 - 014. pdf.

［4］ 刘春林、施建军、李春雨. 模糊应急系统组合优化方案选择问题的研究. 管理工程学报，2002，2：25 - 28.

［5］ 张振坤，薄仙慧，张惠琴. 多指标运输问题的数学模型及算法研究. 郑州大学学报（自然科学版），2001（3）.

［6］ 陈安，马建华，李季梅，亓晶菁. 现代应急管理应用与实践. 北京：科学出版社，2009.

［7］ 陈安，陈宁，倪慧荟. 现代应急管理理论与方法. 北京：科学出版社，2008.

第4章 强震灾害后的社会组织与管理

在地震之后，除了道路、房屋、其他公共基础设施等的损坏以及人员伤亡外，许多灾前运行良好的社会组织也往往会受到不同程度的损伤，需要恢复。

地震规模的大小，决定了受其影响的区域有所不同，涉及的社会组织种类和规模也就有相应的不同。简单地说，我们把各种类型的社会群体统称为社会组织，主要有政治组织、经济组织（企业）、文化组织、军事组织、宗教组织等。人们形成这些组织，就是为了更好地进行灾后的管理，及时地进行灾后的救援，以及灾区的重建等工作。

在本章中，我们主要介绍几种比较重要的社会组织在地震发生后进行的管理和所发挥的作用。

4.1 政府作用的发挥

政府是一个国家中最重要的组织结构，是国家的核心，拥有最高的权利和权威。政府直接指挥国家军队、警察、监狱、法庭等机构，维护社会秩序。同时，政府管理着社会公共事务。

像地震这样的自然灾害的发生，往往影响的区域比较大，而且由于它不是人为原因造成的，因此在进行处理时，没有个人或者简单的集体组织可以承担这样的责任，也没有能力进行合理的事后解决，这时候只有政府才有这样的权利和影响力，来指导人们进行灾害的应对。

4.1.1 政策制定

我国中央及地方政府综合运用财政、税收、金融、产业、就业等各类政策，对震后的重建工作进行大力支持，并做出了相关政策规定。

1. 金融政策

以下是政府在金融政策方面可以有所作为的几个方面。

（1）支持金融机构尽快全面恢复金融服务功能：支持金融机构基层网点恢复重建；保障支付清算、国库、现金发行、证券期货交易和邮政汇兑系统的安全运营；为受灾地区资金汇划提供便捷、高效的金融服务；支持适当减免金融业收费。

（2）鼓励银行业金融机构加大对受灾地区信贷投放：对受灾地区实施倾斜和优惠的信贷政策；加大对受灾地区重点基础设施、重点企业、支柱产业、中小企业和因灾失业人员的信贷支持力度；对受灾地区吸纳就业强、产品有前景、守信用的中小企业加大支持力度；加大对受灾地区"三农"发展的信贷支持力度；对受灾地区实行住房信贷优惠政策。

（3）支持受灾地区金融机构增强贷款能力：加大对受灾地区的再贷款（再贴现）支持力度；继续对受灾地区地方法人金融机构执行倾斜的存款准备金政策；允许受灾地区金融机构提前支取特种存款，增加信贷资金来源。

（4）发挥资本、保险市场功能，支持灾后恢复重建：支持受灾机构通过债券市场募集灾后重建资金；支持受灾地区企业通过股票市场融资；积极引导保险机构参与灾后恢复重建；鼓励和引导各类基金支持灾后恢复重建。

（5）加强受灾地区信用环境建设：保护受灾地区客户合法权益；对于符合现行核销规定的贷款，按照相关政策和程序及时核销；推进受灾地区信用体系建设。

2. 房产政策

居住在震后地区往往会受到各方面的巨大影响，对于房地产而言会造成重大打击，因此，政府有使灾区民众"安居"的责任，这里可以看一下成都在汶川地震后采取的具体一些举措。

为切实解决灾后居民安居置业的实际困难，促进房地产业恢复发展，成都市人民政府办公厅下发了《关于促进房地产业恢复发展扶持居民安居置业的意见》（以下简称《意见》），其中涉及居民购房补贴、鼓励企业恢复生产等多个领域。《意见》从2008年6月15日起至2009年12月31日，在成都市五城区（含高新区）范围内执行。

成都市将采用契税补贴、贷款比例调整等多重优惠办法让灾区群众能够安居置业。对有良好社会信誉、发展业绩和积极参与灾后重建的房地产、建筑安装企业，应按相关政策继续给予信贷支持。同时，对因灾不能按时偿还贷款的房地产开发企业，不催收催缴、不罚息、不作不良记录，不影响其继续获得有效益的开发建设项目的信贷支持。

3. 财税政策

下面简要介绍财政支出政策和税收政策。

财政支出政策包括对倒塌毁损民房恢复重建，公共服务设施恢复重建，工商企业恢复生产和重建，农业、林业恢复生产和重建，基础设施恢复重建，其他恢复重建如震后地质灾害治理、环保监测设施等。

税收政策包括促进企业尽快恢复生产（主要采取免征企业所得税及给予进口优惠政策），减轻个人税收负担（免收部分个人所得税），支持受灾地区基础设施，房屋建筑物等恢复重建（免征耕地占用税、印花税、减免房产税等），鼓励社会各界支持抗震救灾和灾后恢复重建（免征增值税等）。

4. 就业政策

国务院发布支持震后重建政策措施意见中对就业政策做出了相关规定：

受灾严重地区的企业在新增加的就业岗位中，招用当地因地震灾害失去工作的城镇职工，经县级劳动保障部门认定，按实际招用人数予以定额依次扣减营业税、城市维护建设税、教育费附加和企业所得税。

受灾严重地区因地震灾害失去工作的城镇职工从事个体经营的，按每户每年 8000 元的限额扣减其当年实际应缴纳的营业税、城市维护建设税、教育费附加和个人所得税。

就业援助和社会保险政策中提出要加大就业援助、保障工伤保险待遇支付、保障养老保险待遇支付、保障受灾困难人员基本生活。

5. 粮食政策

稳定受灾地区粮食市场：适时充实受灾地区中央和地方粮食储备；增加受灾地区市场供应；对已安排出库的抗震救灾中央储备粮，新粮上市后要及时补库；做好市场应急调控预案，运用中央和地方粮食储备吞吐，确保当地市场稳定；中央财政对抛售的中央储备粮统负盈亏。

支持受灾地区受损粮库维修重建：中央财政对四川省专门安排应急维修资金，用于抢修该省地震灾区受损粮库；受灾地区确需恢复重建的粮食仓房，纳入灾后重建规划统筹考虑。

促进受灾地区种粮农民增收：粮食直补、农资综合直补等资金适当向受灾地区倾斜，促进受灾地区粮食增产和农民增收。

6. 产业扶持政策

产业扶持户主要包括恢复特色优势产业生产能力、调整产业结构、优化产业布局、改善产业发展环境。

4.1.2　组织震后救援和重建工作

政府在震后的组织重建工作主要是在制定相关政策后，对政策的具体实施进行人员和资源的组织。具体安排相关人员进行灾后的重建工作。

具体说，地震灾区的各级地方人民政府应当组织各方面力量，抢救人员，并组织基层单位和人员开展自救和互救；非地震灾区的各级地方人民政府应当根据震情和灾情，组织和动员社会力量，对地震灾区提供救助。严重破坏性地震发生后，国务院应当对地震灾区提供救助，责成经济综合主管部门综合协调救灾工作，并会同国务院其他有关部门，统筹安排救灾资金和物资。

其实，政府在灾后重建工作中主要起的还是一个组织指挥调度的作用。由于政府的权威性和公信力，可以在短时间内调动国家资源，包括大量人力、物力以及企业，政府甚至动员全社会的力量进行灾后的救援和重建工作。在汶川地震发生后，国务院迅速成立了抗震救灾指挥部，指挥震后的救援工作。在地震影响渐渐减弱后，又迅速展开震后的重建工作。指挥部共设立抢险救灾、群众生活、地震监测、卫生防疫、宣传、生产恢复、基础设施保障和灾后重建、水利、社会治安共 9 大工作组。

4.1.3　指挥调度抗灾资源，集结捐赠资源

政府在震后的另一个重要工作就是指挥调动抗震救灾资源，包括资源的集结与分配。震后，各地政府都在呼吁和调动全社会的力量包括企业、学校、个人等进行资源的集结，包括各地的企业进行的救灾物资的生产，以及社会各界的捐助，还包括国外的援助。其中，国外的援助主要是由政府进行沟通和接受的。在汶川地震救援过程中就出现了多支国外救援队，包括日本、韩国、俄罗斯等。

对于资源的指挥调度，政府主要是组织大量专家奔赴灾区进行调查，根据灾情发展情况进行资源的实时调度，从宏观上进行抗震救灾的指挥工作。

为支持受灾地区恢复重建，统筹和引导各类资金，中央财政建立地震灾后恢复重建基金。所需资金主要有中央财政资金和各地的捐款。2008 年中央财政安排灾后恢复重建基金 700 亿元。同时调整经常性预算安排的有关专项资金使用结构，向受灾地区倾斜。

4.1.4　稳定民心，引导自救

地震巨大的破坏性不仅表现在对人民生命安全的威胁和物质损失上，更为长远深重的影响表现在灾民的心理和精神方面。尤其对身临其境的受灾者而言，地震时恐怖的场面、强烈的惊吓以及地震后失去亲人的悲恸，会使其处于一种非正常的心理状态，如果不及时治疗，容易产生灾后综合征，对以后的生活产生严重影响。

因此，政府除了安排紧张的抢险救援工作外，还需要对灾民以及外界人员进行心理上的救援。主要是稳定民心，避免产生社会恐慌，造成更大的灾难。毕竟人民是国家的最主要组成部分，只有人民安心，国家才能更好地发展。政府应专门组织专家，组成心理救援队，对这部分人进行心理上的咨询，进行心理问题的疏导，使他们重新恢复生活的信心，更好地投入到灾后重建家园过程中。

此外，政府还要积极引导人民进行自救互救。这主要包括一些救灾知识的宣传，以及相应的资源的提供。人民自己行动起来，可以形成一种不可估量的作用，对震后

的救援工作有非常大的推动作用。

4.2　防灾减灾知识宣传与普及

我国是世界上自然灾害最为严重的国家之一，灾害种类多，分布广，发生频率比较高，造成损失也很严重。此次汶川大地震再次提醒我们，防灾减灾的知识宣传与普及工作应该得到重视。对于防灾减灾知识，我们也不应该只局限在地震这一类灾害上，而应该对日常生活中经常发生的突发事件的相关知识进行普及教育。应该做到全社会动员，加强群众自救互救能力。

防灾减灾是保障经济繁荣发展和广大人民人身、财产安全的重要工作，只有加强政府的主导地位，社会各界积极参与进来，实现资源共享、优势互补，才能在更大程度上实现灾害管理效率的最大化。我国从 2009 年起，把每年的 5 月 12 日定为全国"防灾减灾日"，一方面是顺应社会各界对我国防灾减灾关注的诉求，另一方面也是提醒国民不忘已经发生过的灾害，为避免以后出现类似事件，发生更严重的后果，要更加重视防灾减灾，努力减少灾害损失。国家设立"防灾减灾日"，将使我国的防灾减灾工作更有针对性，更加有效地开展工作。

防灾减灾知识的宣传方式是依赖于宣传主体的，前面在讲宣传主体的时候已经详细进行了介绍。总结起来主要分为两大类，一类是防灾减灾知识的宣传，被动的接受知识，另一类是防灾减灾物资的储备和演练，主动地参与。宣传方面有电视宣传片、广播、举办知识讲座、公益广告、印发宣传册、出版防灾减灾知识书籍等；主动参与的宣传方式是组建防灾减灾队伍，不定期进行演练，参与知识竞赛等。

我们从宣传的主体进行分类，主要包括政府、企业、社区、学校、媒体五大类。下面进行详细介绍。

4.2.1　政府

政府具有权威和公信力，应该大力加强防灾减灾知识的宣传和普及。目前政府进行宣传的主要工具有开办防灾减灾讲座，印发防灾减灾知识手册，在政府网站上开办防灾减灾专栏，介绍应急避难和自救知识。

有些政府部门为此还想出了新办法进行防灾减灾知识的普及教育。例如，广东省人民政府应急办公室"出奇制胜"，通过网络传播的优势，将防灾科普知识编进了网页游戏中。市民通过尝试这款游戏，便能够完整地认识到地震、火灾、传染病、污染事故等各种灾害及防范措施。此举一反政府的严肃形象，使政府更加亲近市民。

政府的另一个重要的工作就是制定相关法律，规范防灾减灾活动。我国一贯高度重视依法防灾减灾，制定了一系列涉及防灾减灾的法律法规，防灾减灾法律体系得到不断完善。

我国宪法第二十六条作出了防治灾害的原则性规定。在此基础上，我国有关防灾减灾的法律法规主要包括《突发事件应对法》《环境保护法》《气象法》《防震减灾法》《消防法》《防洪法》《森林法》《水土保持法》及国务院《地质灾害防治条例》《防洪条例》《抗旱条例》《森林防火条例》《汶川地震灾后恢复重建条例》等法律法规。此外，不少地方性法规和部门规章也对防灾减灾作出了相关规定。

4.2.2 企业

企业发展不仅有赖于资金、技术和市场等具体条件，更离不开社会各界的促进和认可。积极参与社会公共事业，承担更多的社会责任，也成为企业更好更快地发展的有效推动力。

企业根据自身的特点，以组建救灾义工队伍、无偿提供培训资源、参加社区防灾减灾演练等多种方式，参与到防灾减灾工作中。

企业根据业务范围建立健全灾害应急制度，加强内部教育培训，提高员工的防灾减灾意识和技能。按质检要求定期检修更新相关设备，排除灾害隐患。

例如，中石化青岛市南区江西路加油站，由于其企业的特殊性，一旦发生地震、雷击等灾害，将有可能引发火灾、爆炸，不仅会给企业带来不可估量的损失，也会给周围的社区居民带来危险。在区民政局、应急办等部门的指导下，该单位制定了完善的《安全管理规章制度》，特别是针对各类可能发生的事故进行了分析并制定了相应的应急援助预案，并聘请专业人员进行援助知识和方法培训。明确了单位职工在灾害发生时的各自职责，特别是当可能危及到附近企业和居民时，有专人负责向邻近居民、单位进行通告，并组织人员撤离。新进员工必须进行应急预案培训和演练，其他员工每半年进行一次实战演练，确保所有员工都具备一定的应急救灾能力。江西路加油站的这些做法，获得了国家级安全评价机构的资质认证，也为其他企业的防灾减灾提供了经验。

4.2.3 社区

社区通常指以一定地理区域为基础的社会群体。它至少包括以下特征：有一定的地理区域，有一定数量的人口，居民之间有共同的意识和利益，并有着较密切的社会交往。例如，村庄、小城镇、街道邻里、城市的市区或郊区、大都市等，都是规模不等的社区。社区就是地方社会或地域群体。

社区是居民生活的集中区域，灾难一旦发生，往往会给居民在人身、财产等方面造成巨大损失。为此，我们把社区作为城区防灾减灾的基石，充分整合社区资源，提高了社区防灾减灾能力。

在社区中进行宣传的方式主要有进行防灾知识培训、组织社区志愿者队伍、定期进行防灾应急演练、举办讲座、制作板报、印发防灾减灾手册等，同时给社区居民配备一定的减灾应急装备、逃生用具、消防装备等。

有条件的社区建立紧急疏散通道、临时疏散点，并设立了棚宿区、物资储备点、医疗点、临时厕所和广播箱等设施，确保居民可以得到妥善的安置和救助。另外，社区应当有一定的应急资金和应急物资的储备。

4.2.4　学校

面对像地震这样的自然灾害，加强学校里面学生的防灾减灾教育，普及地震应急避险知识，增强防灾减灾意识，对于提高学生应对突发地震的能力，减少地震可能造成的损失，具有重要的意义。

学校应该通过各种渠道，进行防灾减灾知识的宣传教育。比如在学校开设防灾减灾课程，定期进行演练，举办知识竞赛，举行防灾减灾主题班会，板报宣传，观看防灾减灾影视作品，利用学校广播介绍应急避难常识，开展形式多样的防灾减灾宣传主题活动，提高学生防灾减灾方面的能力。

学校要在操场建立应急避难场所，校园及教学楼内要安装应急疏散的指示标志。此外，学校还需要购置相关应急医疗物资、应急救援物资和生活保障物资。校内要设立绿色通道，并指导学生使用。绘制每间房间的紧急疏散路线图，在应急演练中带领学生们看图找通道。

4.2.5　媒体

媒体，字面上理解就是指传播信息的介质。传统的四大媒体分别为：电视、广播、报纸、杂志；随着科学技术的发展，逐渐衍生出新的媒体，如 IPTV、电子杂志等。

对于媒体在防灾减灾中的作用，我们最熟悉的就是天气预报。天气预报除可以预报正常的天气之外，还可以对寒潮、台风、暴雨等自然灾害出现的位置和强度进行预报，这样对人们的出行和生产生活都是非常重要的。

媒体对于防灾减灾的贡献表现在很多方面，这要从其本身包含的内容说起。电视方面，可以制作许多生动有趣的公益广告或宣传片，宣传防灾减灾知识，还可以开办专门的栏目如防灾减灾知识课堂，定期开讲；广播和电视的作用相当，由于有些偏远地区可能没有普及电视，这时候广播就起到了关键的作用；报纸和杂志在这方面的工作是刊登关于防灾减灾方面的文章或连载防灾减灾的知识，及时提醒人们灾害的发生及预防，由于很多报纸都是每天一期，因此这样做也是行之有效的一种方法；网络媒体现在非常的发达，因此在防灾减灾工作方面，可以通过建立专门防灾减灾网站或者在国家相关网站上设立防灾减灾专栏，对这方面的知识进行详细介绍。

这里，以云南的西双版纳为例，介绍当地媒体在防灾减灾中所做的工作和发挥的作用。《西双版纳报》开设专栏进行气象防灾减灾集中宣传，并在"民生话题"作出评论。该报还刊载了《我州的主要气象灾害有哪些?》《我州多雷为哪般?》《户外劳作如何防雷击?》和《气候变暖对我州农业有何影响?》等科普文章。西双版纳电视台在滚动播出气象防灾减灾知识宣传标语的同时，还在新闻节目后的重要时段安排播出一定比例的气象科普知识和气象灾害防御常识。西双版纳广播电台专门开设了气象科普专栏，向社会公众进行气象防灾减灾知识宣传和教育。此外，西双版纳州还通过手机短信、网络等多种形式传递气象防灾减灾知识。

4.3　媒体导向及管理

毫无疑问，在如今这个信息时代，媒体在我们生活中发挥着越来越重要的作用。

所谓媒体，是指传播信息的介质，通俗地说就是宣传的载体或平台，能为信息的传播提供平台的就可以称为媒体了，媒体的内容应具备可行性、适宜性和有效性。

如今，媒体导向对于人们的影响已经越来越深远，它影响着人们的思维方式和行为方式。人们通过媒体来了解社会，了解周围都发生了什么，对自己的影响是什么，以及自己需不需要做些什么。正确的媒体导向对于整个社会来说是至关重要的。

4.3.1　电视

电视作为如今最普遍的一种传媒工具，已经成为人们生活的重要组成部分。大多数人还是热衷于通过电视来获得外界的信息，包括看新闻或者其他电视节目。汶川地震后，各个电视台均对救灾过程以及灾情的发展进行了现场报道，使灾区以外的人们直观地看到了灾区的情况，了解救灾的新进展。

现场报道涉及救援的各个方面：现场生命救援、医疗救护、伤员大规模转移、安置灾民、处置遇难者遗体、卫生防疫、开展心理干预、失事直升机搜救、堰塞湖排险、重建与规划。

来自灾区一线独家画面不断更新，来自全国各地的踊跃献血、捐款捐物、转运伤员、异地救治等现场画面信息的密集汇总，不间断递进播出，使报道形成密集的主导态势，使全世界对中国政府的快速反应和救援组织能力刮目相看。

汶川地震发生后两个小时左右，中央电视台就开始了直播报道。在随后的时间里，央视直播的规模不断扩大，除了《新闻联播》《焦点访谈》等几个主要栏目外，新闻频道的主要专题节目，像《新闻会客厅》《东方时空》《新闻1＋1》等栏目全部停播，整个频道全天24小时对灾情进行直播。

新闻现场报道能让民众实时了解事件的经过，现场报道能解除人民的忧虑，避免盲目的跟从，增加救灾的报道的透明度。汶川地震的现场报道，对于国民支持灾区也起到了强大的呼吁作用，看到灾区人民所遭受的损失以及他们当时的遭遇，鼓舞了很多人前往灾区贡献自己的力量或者做些其他力所能及的事情，现场报道也打消某些人的不良意图。例如，5 月 13 日上午首播的北川县城外公路受损画面，使此前网络上无数传言、猜测、不解烟消云散。几人高的巨石、彻底塌陷的路面和大桥、被砸报废的大轿车、沿着山间小道攀爬的受灾群众……短短几分钟的画面，胜过千言万语。

4.3.2　广播

在现代各种传播媒体资讯流行的社会生活里，收音机及广播依然有着不可代替的作用和地位。广播具有四大优势：对象广泛、传播迅速、功能多样、感染力强。

5·12 四川汶川大地震发生后，由于电视、电讯、电力等设施在地震中受损严重，广播成为灾区军民了解外界情况的唯一途径，也成为外界直达灾区的有效媒体。

中央人民广播电台 24 小时特别直播"汶川紧急救援"，传播的有效性、服务性、针对性增强，有力地促进了灾难救助和重建工作。救灾过程中，中国人民广播电台抗灾报道前方指挥部，通过"中国之声"播发了"平安纸条"，帮助灾民寻找亲人。

抗震救灾联合指挥部多次通过电台发布指导抗震救灾指示，广播军事宣传成为指挥抗灾工作的重要手段。在抗震救灾一线，中央人民广播电台为前方记者配备有 18 部卫星电话，这些先进装备在抗震救灾工作中发挥出巨大作用。记者到达通信中断的重灾区后，电话并不是先打到电台直播间，而是用卫星电话联系到后方救灾指挥部，报告灾情，为指挥部部署救援力量提供参考。这次地震受灾面积广、余震多、地形地况复杂、救灾部队投入多，在道路和通信时有中断情况下，中央人民广播电台记者的连线报道信息为指挥员提供了及时的决策参数。

广播成为党中央指挥全国军民抗震救灾的重要舆论手段，在救援过程中为救援者提供快速、及时、准确无误的数据，在指挥调度救灾力量、传播救灾知识、鼓舞士气、稳定民心等方面发挥了不可替代的作用。抗震救灾的实践再次证明，在国家应急体系中，广播确实不可或缺。这是国家应急体系中信息迅速沟通的需要。领导指挥，电波传递，干扰小、成本低、即时通讯，正是抗震救灾的最大需要。

当前我国广播事业还存在一些问题，由于各种原因，中央人民广播电台在各地转播的频率不统一，以其第一套节目"中国之声"为例，无论是调频（FM）还是调幅中波（AM），在每个省区市落地的频率都不一致，甚至在同一地区的不同县市间的频率也不统一，这既不利于跨省跨地区流动人群收听，也不利于频率资源的充分合理利用。在这次抗震救灾工作中，不少听众都反映了这个问题，希望尽快实现中央人民广播电台第一套新闻综合频道在全国同频播出。"中国之声"同频播出的实现，将更及时更有效地传达党和国家的声音，更好地为人民群众服务，在应急情况下发挥更大作用。

4.3.3 报刊

在传统四大媒体中,报纸无疑是最多、普及性最广和影响力最大的媒体。如今,报纸成为人们了解时事、接受信息的主要媒体。报纸的主要特点有:传播速度较快,信息传递及时;信息量大,说明性强;易保存、可重复。

汶川地震后,各地报刊均作出应急响应。各地报纸均大幅报道了震后救援工作以及各地积极开展的抗震救灾活动。

《成都晚报》关于地震的报道至少 16 版,囊括了现场报道、深度报道、各种信息的发布,以及国际的、历史的各类信息资料。在地震发生的短时间内,所有通信中断,对于纸媒来说,优势则在于信息量大、全面丰富,最重要的是准确。纸媒所体现的内容,文字和图片构成深度、质感和立体感。

地震发生后,手机报也对地震做出第一时间的报道,取消了体育及娱乐的新闻内容。在地震前,手机报内容涵盖面广,包括国际国内新闻、省内新闻、体育娱乐新闻及天气预报等内容,在地震发生后,手机报立即撤下体育娱乐新闻,国际新闻量也减少。在哀悼日的几天中,手机报中的图片一律使用黑白照片,以示哀悼,其中的内容 80% 为地震的报道。另外,增加了公益广告的成分。一连半个月来,每天的早晚报都有"情系灾区,手机捐款"的公益广告,同时还经常出现领养孤儿的相关方式等。这些都起着公益广告的作用,也充当了呼吁社会奉献爱心的角色。

在地震期间,《齐鲁晚报》等各种报纸均撤消或大幅减少了商业广告在整个版面中的位置,取而代之的是更多的关于地震的详细报道和本省对灾区的救助等情况以及对民众奉献爱心的呼吁。同时,从灾区传来的照片也大量刊登在报纸上,这些照片有很强的震撼效果,和报纸的各种呼吁放在一起,从某种角度上讲很好地起到了公益广告的效果。并且,在哀悼日的三天里,所有的报纸、网站一律换成黑白双色,这些照片所体现出来的效果就更加使人感到震撼。

4.3.4 网络

大家从不同渠道看到了这次重大事件的进展,通过网络及时表达着人们对于汶川地震的关注和紧急捐赠。借助网络,"即时通信、视频分享和网络地图"等平台,成了穿越地震带的"另类"工具,并在援助工作中发挥了功效。互联网在这次地震中不但是一个信息使者,网络及时将信息传达出来,也起到了安稳民心、教育民众,一方有难八方支援的积极作用。网络的无限性已经明显展示出来,作为生活的互联网将随着人们生活水平的提高和对网络的正确认识而改变。

(1)网络工具的使用。由于通信中断,无法通过移动网络设备传回资料,而固定宽带网络尚未中断,使央视记者上网用 QQ 传回画面,将汶川震中灾区现场最新的消息与视频传回后方。很多媒体记者，也不约而同地将 QQ 或 MSN 作为与后方编辑部联系的选择。与此同时，QQ 以及 MSN 成为地震发生后网民互致平安的选择之一，缓解了通信网络的负荷。广大网民自发地组建了互助 QQ 群交流信息，并就灾情中各种版本的流言进行积极的澄清，及时防止了恐慌情绪的蔓延。汶川地震发生后，众多身处外地的汶川人纷纷联系老家亲朋，由于地震影响导致多个城市的电话中断，手机、座机的语音方式均难以接通，最终他们采用了 QQ、短信等文字方式联系到了亲朋。

（2）网上地图显优势。在这次地震发生的 6 分钟之内，国内一位网友在百度"地震"吧中第一个公布了这一消息。随着地震消息的广泛传播，百度"地震"吧迅速聚集了一大批讨论最新情况的网友。1 个小时内回帖数量上万；微软 MSN 的 Live Search 推出 5·12 四川地震图，利用创新技术将地理位置信息与资讯报道相结合，在重点展现四川灾情的同时，也迅速报道全国受地震影响地区的信息及其他重要相关信息；谷歌中国已于地震当天夜里紧急启动了"地震形势图"，让网友通过 Google Earth（谷歌地球）软件的卫星地图可以看到四川汶川当地的地理位置以及全国各地最新的抗震救灾情况。

（3）网络捐赠。地震发生后，各地爱心基金联络各大网站进行网络捐赠。红十字会通过网络将捐赠热线公布出来，各新闻网站及时报道各大型企业的捐赠情况，这样给更多企业捐赠做出了榜样。李连杰的"壹基金"联合淘宝、天涯、搜狐、雅虎、网易、阿里巴巴、口碑网等众多知名网站，通过支付宝在线支付来捐款。

（4）网络寄托哀思。人们以更多的形式来传达着对这次地震的关注，有人通过网络纪念的形式表达着自己的哀思，还有人在各种即时通讯软件上通过签名来表达关注和获取远方上网家人的平安信息。

（5）互联网成为"第一时间媒体"。5 月 12 日 15∶00～16∶00，各家网站的访问量呈现出爆炸式的增长。结合网站相关内容情况看，新浪、搜狐、网易、中华网、Tom 网、MSN 央视国际等大中型网站以及千龙网、荆楚网等地方新闻媒体网站在地震发生后 15 分钟左右便发出了相关的报道，并快速推出了相关专题。这种时效性令多数传统媒体望尘莫及。也正因为如此，互联网媒体成为本次地震发生后受众获得相关信息的"第一时间媒体"。

网络媒体成为震后信息传播的主要力量，一是最先播发了地震的消息和时间；二是为某军队搜索地震灾民的位置提供了指导；三是为灾民和媒体、政府间的信息沟通提供了平台。

汶川大地震之前，我国的互联网可以说还处于娱乐的互联网时代，但是随着"大家共同关注地震事件"的现场教育，让更多的网络公司做了更有意义的事情，也让更多的网友通过网络做了更有价值的工作。

4.4　群体性事件及应对

群体性事件是指由某些社会矛盾引发、特定群体或不特定多数人聚合临时形成的偶合群体，通过没有合法依据的规模性聚集、对社会造成负面影响的群体活动、发生多数人间语言行为或肢体行为上的冲突等群体行为的方式，或表达诉求和主张，或直接争取和维护自身利益，或发泄不满、制造影响，因而对社会秩序和社会稳定造成负面重大影响的各种事件。

汶川地震的群体性事件往往是由于非常时期信息不畅以致宣传不到位或政策透明度不够导致群体恐慌或鼓动，如汶川地震后的第三天（5月14日）一网友在未经证实的情况下在网上发布都江堰一化工厂爆炸、成都市水源被污染消息，立刻引起都江堰部分市民向郫县涌入，成都市市民抢购桶装水和瓶装水，一时引起不小的恐慌。由于政府及时在主流媒体公告都江堰未出现化工厂爆炸事件，岷江水未受明显污染，才未引起事态的进一步扩展。又如，发放救灾品如帐篷、粮食、食用油等，由于交通或受灾程度不同，实际发放的与电视公布的标准不一致也曾导致局部群体事件。汶川震后救灾经验表明，只要政府部门处理及时，增大救灾各环节的透明度，即使极少数人的煽动也很难引起大规模的群体事件。

4.5　社会秩序的恢复

4.5.1　安全秩序

国家质量监督检验检疫总局发布的《灾后过渡性安置区基本公共服务》（征求意见稿）中提到安全制度的建立内容以及原则等事宜。震后，大部分灾民先被安排在活动板房里，也成为过渡性安置区。震后安全秩序的恢复成为一个重要的研究问题。

过渡性安置区中的安全保障服务有社会治安、消防安全、交通安全、食品和饮用水安全、防疫安全、防雷安全、用电安全和燃气安全。

在各安置点设立社区安全工作领导小组，指定专人负责安全管理工作，制定消防、防雷、防汛、用电、用气等安全应急救援预案。

1. 安全服务的基本原则

（1）政府主导与依靠群众相结合。安置区安全服务工作应接受政府相关部门的指导、监督和管理，依靠群众，采取各种方式方法，向群众普及安全知识，提高群众的安全意识和防灾抗灾能力。

（2）依法服务与科学管理相结合。过渡性安置区安全服务应依照国家立法机关和行政机关制定颁发的法律、法规、规章进行服务，并运用科学的管理方法，规范管理系统的机构设置、管理程序、途径、工作方法等，有效实施安全管理，提高管理效率。

（3）预防为主与安全责任相结合。过渡性安置区安全服务应尊重科学、探索规律，采取有效的事前控制措施，预防次生灾害和安全事故的发生。事故发生时，应依据"谁主管，谁负责"的原则，实施安全责任制，开展安全服务工作。

2. 过渡性安置区中的安全管理

（1）安全管理工作机构。建立跨部门合作的组织机构，整合过渡性安置区内各方面资源，共同开展过渡性安置区安全促进工作，确保安置区安全有效的运行。

（2）安全管理人员。过渡性安置区内应根据需要配备专管或兼管人员。安全管理人员的主要职责包括：落实安全管理工作机构有关安置区安全工作的要求和各项管理制度；组织过渡性安置区内的安全事故预防及检查活动；提供各类安全服务。宣传普及安全知识和常识；协调过渡性安置区内各类安全事件。

（3）安全信息管理。建立规范、齐全的过渡性安置区安全管理信息，包括：安全管理工作机构和人员职责；居住人员信息，重点注意高危人群和弱势群体的信息；重点控制的危险源、高风险环境等信息；安全管理制度；安全管理活动的过程记录，包括：管理记录、安全检查和监测与监督的记录等。

4.5.2　生活秩序

震后灾民的生活问题一直也是社会各界关注的焦点。部分受灾不太严重的地区灾民的房屋可以继续居住。灾情严重地区的灾民们基本上都住在政府安排的活动板房内，等待永久性住房的完工，然后入住。下面，以都江堰幸福家园为例进行灾民生活的介绍。

都江堰市幸福家园是 5·12 大地震以来最早修建的灾区群众活动板房安置区，该安置小区是由成都市建工集团援建，共分 A、B、C 三个区域，占地面积 150 亩，位于都江堰市二环路东南段。入驻灾区群众主要来自都江堰市老城区的灌口、幸福两镇，其基本入驻条件为房屋完全倒塌并有亲人伤亡和经鉴定房屋为危房不能居住的重度受灾户。

幸福家园按照一般小区居委会的模式，分为 A、B、C 三个居委会，设立书记、主任各一名，由居民选举产生。居委会下设立了居民小组，下设幢长，每户还设户长一名，这样层层管理，责任到人。

由政府发放、社会捐赠的日用品如衣服、棉被、日用品都很齐全，吃穿住都没有什么问题。政府还专门进行了电网改造，每户都能用上电暖设备。板房社区里有公共热水洗浴室和公共厨房，还设有日用品商店。此外，这里还有警务室、医疗点、就业咨询、法律服务、图书室、心理辅导站等机构，还设立了平价食堂、通信服务点、免费的洗衣房等设施。可以说，生活中的基本需要，都能在安置点内得到满足。

4.5.3 生产秩序

灾区在安置好群众生活的同时，要着力抓好恢复生产工作。国务院抗震救灾总指挥部在部署灾区恢复生产工作时谈到灾后生产秩序恢复的问题。主要把问题分为四方面进行了讨论，具体为农业生产、工业生产、基础设施的建设以及商业生产的恢复。

（1）农业生产。灾后农业生产的当务之急是搞好抢收抢种，及时调剂调运种子、农药、柴油等农业生产资料，切实做到应收尽收、应种尽种。抢修受损的农田基础设施、农机具和农机提灌站等，尽快恢复灾区农业生产能力；修复受损的畜禽圈舍和良种繁育设施，恢复养殖业生产，并组织专家和技术人员深入生产一线进行技术指导和培训。

（2）工业生产。抓紧恢复能源、原材料的生产，加大煤炭、成品油、天然气、磷矿石的调运，优先恢复供电、供气、供水、煤矿企业生产。保证生产救灾、重建物资企业的恢复，重点支持大型骨干企业恢复生产，加强对中小企业恢复生产的政策指导。并且要确保安全生产，防范事故发生。

（3）加快基础设施恢复。集中力量抢修通往重灾区的国道、省道，同时向基层和乡村延伸，扩大抢通覆盖面。加大电网特别是地方电网的修复力度。尽快恢复受灾地区的公众通信能力。全力保障粮食、食品、饮用水、帐篷、活动板房等急需物资和伤病人员的运输。

（4）做好灾区商贸流通和服务业恢复工作。切实保障灾区急需商品货源。尽快恢复商业网点，在居民安置点建立帐篷商店和便民商店。没有受损的商业网点要尽快恢复营业；受损较轻的商业网点要抓紧维修加固，抓紧恢复金融等服务业。

4.5.4 医疗秩序

为保障灾区群众身体健康，灾区医疗卫生服务和恢复重建工作非常重要。由于部分卫生人员在地震中遇难和灾后流失，灾区伤员康复和后续治疗，广大干部、群众心理治疗干预都急需大量专业医疗人才，因此灾区医疗卫生重建工作的人才队伍的引进是一个重要的工作方面。有关部门应制定长期心理干预计划和机制，政府可以以此为契机出台心理预防方面前瞻性政策。

震后医疗工作重点从抢救转向防疫。为防止人畜共患病疫情的发生，农业部采取了四个方面措施：一是做好死亡动物的无害化处理，从灾区外围开始，对死亡畜禽远离水源进行深埋；二是做好消毒工作，农业部和卫生部建立了协调机制，在信息、消毒药品、消毒器具方面资源共享；三是在灾区派专家加强疫情监测，一有情况及时出诊；四是加强宣传，做好人员的自我防护工作。由于炭疽、破伤风和猪链球菌病等主要通过伤口感染，一旦有伤口，就要立即消毒，必要时要用抗菌素进行救治。

《四川省地震灾区临时医疗卫生机构建设指导意见》提出，地震灾区要落实临时医疗卫生机构建设任务，尽快恢复灾后正常的医疗卫生工作秩序。四川省提出，医疗卫生机构从村到县要依次往上层层建设，要建立临时村级卫生室、临时乡镇卫生院、临时居民安置点卫生机构、临时县级医疗中心、临时公共卫生服务中心，指出了医疗机构的相应规模及具体设施要求，要求建好的临时医疗机构应满足疾病预防控制的技术管理与指导、卫生监督执法等基本功能需求。

4.6　灾区社会结构重构

4.6.1　灾区社会主体结构

灾区的社会主体结构包括政府、社区、学校、医疗、商业、旅游管理等几个不同面。

1. 政府

在汶川地震中，有些政府机构也受到了不同程度的影响。有些政府部门的人员在地震中死亡，有些政府的大楼在地震中倒塌或损毁。震后迫切需要临时政府来指导震后的抗震救援工作。下面，以北川县城为例进行介绍。

北川县行政机关单位工作人员共 1931 人，汶川地震中 436 人不幸罹难。震后北川县行政系统完全瘫痪。2008 年 5 月 22 日上午，北川羌族自治县县委、县政府在距离北川县城 29km 的安县安昌镇天龙宾馆设立临时办事处，北川县政府开始逐渐恢复其部分行政职能。此前 5 天，设在擂鼓镇的北川县抗震救灾指挥部由北川县县委书记宋明坐镇，开始运转。

北川县约 45 个机构挤在天龙宾馆一楼仅 70m² 的一个房间内，每三四个单位挤在一张铺了绿布的办公桌上开展工作，地税局、国税局、物价局、财金办四个红牌在一块，宣传部、广电局、人武部、组织部四个牌子在一起……工作人员们忙着为灾民们办理各项手续。在这里办理手续都是特事特办，程序一律从简。

大震后干部严重紧缺是整个灾区的突出问题，以北川尤为严重。在北川临时政府办公室里，有些工作人员是从绵阳临时调过来的。

2. 社区

5·12 地震灾难，摧毁了无数人的家园，1000 余万名群众需要转移安置。党中央、国务院紧急部署，海内外全力支援，一个个由帐篷、活动板房构成的居民安置点迅速落成。在这里，灾区群众开始了新的生活。

在四川地震灾区，6000 多个安置点设立临时党支部、管理委员会等基层组织；而部分城市由管委会这一行政管理机制转变为社区居委会自治管理，并发动一大批志愿者和同样受灾的基层干部、老党员、老社区工作者参与管理。

安置点居民的居住是按照原生活县市来统一安排的，也就是将同一县市的受灾居民集中安排在一个片区，该片区为一个社区，下设以乡、村为单位的各小组，临时社区党组织由各县委、政府负责人担任，社区管委会主任由县区市政府领导及相关部门负责人担任，其成员由受灾乡（镇）干部组成。

3. 学校

地震给四川、甘肃等地的学校造成了很大影响。多数校舍倒塌，已经无法使用。学生们一开始在活动板房里面上课，各地也在紧张的进行灾后的学校重建。灾后学校恢复重建规划必须实事求是，做好所有重建、维修、加固项目的设计工作，严格实行工程监理制和质量监督制，切实加强专项资金和物资的管理，建立和完善相关档案资料。

来自四川省教育厅的统计数据显示，截至2009年8月31日，全省51个重灾县累计已开工建设学校3902所，占需恢复重建学校所数95%。其中国定39个重灾县已开工建设学校2882所，占需恢复重建学校所数的95.27%。2009年9月1日开学，全省重灾县91.6%的学生都实现了在永久性校舍中学习，其中39个重灾县在永久性校舍学习的学生占88.6%。9月1日开学前，全省灾区共有3686名普通中小学生由省外转移回本地学校学习，仅有620余名普通中小学生按照原计划继续在省外学习。

5·12汶川地震使甘肃地区文县391所学校不同程度受损。在灾后重建中，该县多渠道争取项目资金6亿多元用于学校灾后重建，并将原有的391所学校调整为118所。

4. 医疗

《汶川地震卫生系统灾后恢复重建专项规划》中指出，到2008年底前，全面恢复灾区医疗卫生服务体系，配备比较齐全的临时业务用房、基本设备和技术人员，能够全面开展正常医疗服务和卫生防疫工作，确保不发生重大传染病疫情；到2009年底全面完成乡、村两级医疗卫生机构建设任务和市、县级医疗卫生机构的房屋维修与加固任务，添置必要的设备；到2010年底完成灾区所有受损医疗卫生机构建设任务，全面恢复医疗卫生服务功能。

截至2008年8月10日，四川省的42个受灾县（市、区）已经建设临时医疗卫生机构活动板房23.49万 m^2，占总需求的近70%；陕西受灾最严重的宝鸡和汉中地区基本完成活动板房建设任务；甘肃灾区活动板房建设进展顺利。

按照规划测算，恢复重建的医院有169所，疾病预防控制机构63所，妇幼保健机构52所，乡镇卫生院1263所，药品检验机构7所，血站及紧急救援中心等其他医疗卫生机构67所。另外，在监管机构用房中安排建设49个卫生监督管理用房，规划范围内的8769个村卫生室纳入行政村综合公共服务设施中安排建设。

5. 商业

震后关于商业的恢复，国家也出台了一系列的政策帮助灾区尽快恢复经济。一开始，主要是通过搭建帐篷和板房商店、建设应急市场和流动商店等措施，使灾区商业有了一个过渡性的恢复。震后灾区各地也在自行组织活动，尽快实现商业的复兴。

早在地震发生后一个月，成都举行的"爱成都，爱生活 2008 成都购物节"活动，强势发动全市 11 大商圈商贸流通行业 1200 个卖场参加，为震后成都经济恢复起到积极的推动作用。统计结果显示，全市百货行业营业额增长幅度平均达 26%；6 大电脑城 15 个卖场人流量共计 16 万人次，较平时提高近 40%，总销售额也提高近 40%；各大家电零售巨头总销售额与节前相比平均增长了 60%；众多家具品牌更是创下各自的全国单店单日销售记录。

6. 旅游业

汶川地震，不仅对交通、电力、通信等旅游支撑条件造成重大破坏，而且直接损毁了旅游住宿和旅游景观，灾区旅游从业人员也有较大伤亡，对旅游企业正常运营和基层旅游管理机构运转造成较大影响。除了传统经典旅游线路以外，科考旅游、自驾车旅游、越野车旅游、红色旅游、宗教旅游、徒步登山、摄影旅游等旅游线路也受到较大"创伤"。

政府对于旅游业的恢复做了以下几方面工作：全力争取把旅游列入灾区全面恢复重建的重点；突出强调恢复和重建中的旅游规划；积极保护与开发地震灾害旅游资源；尝试开展以旅游疗养为依托的心理救治行动；统筹灾后旅游恢复的各种措施。

旅游恢复重建中，健全了旅游管理机构和旅游企业组织，对岗位空缺的尽快充实人员，对新上岗者加紧进行业务指导和培训，餐饮、导游等一线服务从业人员全省调配，力保率先恢复的旅游企业以较高质量运营。

旅游恢复重建要广开救灾资金和扶助渠道。除了动用旅游发展基金、开展行业内捐助和旅游企业对口支援等行业内的"自救"措施以外，灾区旅游部门应重点争取国家和地方抗震救灾资金的支持。在旅游接待条件恢复到一定程度后，经有关部门和程序的检查验收，确保排除了旅游安全隐患后，可对灾区一些市县和旅游线路进行宣传促销，以此启动和拉动旅游业的全面恢复与振兴。

4.6.2　灾区社会机构功能

1. 指挥部门

地震后一般会成立国家级的抗震指挥部。主要职责有下面几项：分析、判断地震趋势和确定应急工作方案；部署和组织国务院有关部门和有关地区对受灾地区进行紧急援救；协调解放军总参谋部和武警总部迅速组织指挥部队参加抢险救灾；必要时，提出跨省（区、市）的紧急应急措施以及干线交通管制或者封锁国境等紧急应急措施的建议；承担其他有关地震应急和救灾的重要工作。

国务院抗震救灾指挥部办公室（国务院抗震办）主要职责：汇集、上报震情灾情和抗震救灾进展情况；提出具体的抗震救灾方案和措施建议；贯彻国务院抗震救灾指挥部的指示和部署，协调有关省（区、市）人民政府、灾区抗震救灾指挥部、国务院抗震救灾指挥部成员单位之间的应急工作，并督促落实；掌握震情监视和分析会商情况；研究制定新闻工作方案，指导抗震救灾宣传，组织信息发布会；起草指挥部文件夹、简报，负责指挥部各类文书资料的准备和整理归档；承担国务院抗震救灾指挥部日常事务和交办的其他工作。

临时政府在抗震救灾过程中起到的是领导指挥的作用。县级的临时政府主要管理本县的日常事务，尤其是灾后无家可归的人们要办理很多关系以后生活的事务。临时政府还有一个重要的功能就是接受上级领导机关的指示，将国家的灾后重建等政策具体实施，并向灾民传达上级的关怀与慰问。

2. 协助部门

在灾区还有很多临时机构。例如，帐篷里的临时医院是为了收治受伤灾民而建立的。临时社区为灾民提供了临时生活的地方。在救灾过程中会出现很多由志愿者组成的机构。这些组织为灾后所需的人力资源起到了强大的补充作用，比如在伤员救治过程中、应急物资的发放过程中等等。同时，各地的志愿者们也在积极的开展募捐活动，为应急资金的使用提供了一个强大后盾。

大批志愿者自发组织了很多救助机构，包括协助医院进行伤员救助、街头募捐等等，可以说志愿者们对抗震救灾工作付出了很大努力，也协助相关单位很好地完成了灾后救助工作。据媒体报道，仅登记直接参与抗震救灾志愿服务的志愿者就已达十余万人，另有近400万的志愿者在积极参与各种志愿服务，成为抗震救灾一支重要突击力量。献血志愿者们在献血流动站、献血爱心屋无偿献血；医护志愿者有来自脑外科、骨科医务的专业工作者，也有医学院的学生，专门负责医护工作；救援志愿者数量最为庞大，一般都具有一定的救援知识，主要负责协助专业救援人员进行伤员的发掘、转移等；关爱志愿者主要对灾民们开展心理抚慰、照顾孤残等志愿服务。

3. 金融部门

在地震中受损的有些金融机构也在第一时间恢复了营业。灾区金融机构第一家"帐篷银行"——成都市都江堰农信社临时营业网点在帐篷内恢复营业。因为很多灾民家里的储蓄卡、存折等很多证件都在地震中被掩埋了，有些连身份证都没有带出来。因此很多灾民都在帐篷银行办理一些查询或取款的业务。帐篷银行虽然简陋，但是可以为灾民提供日常的基本业务。

4.6.3 重构过程

震后，灾区的各个方面均需要重建，如灾民的生活设施、医疗机构、灾区的经济需要振兴、灾区受损的学校需要再建、灾区临时领导机构的构建。

整体来说，灾区不同设施、部门的重构过程大体遵照下列流程。

（1）中央召开会议，从整体讨论灾区各方面情况，然后研究决定给出整体方案。方案涉及救灾资金的发放、捐赠资金的分配、各地人力资源的分配、灾后具体工作的安排。将方案下达给省级抗震救灾指挥部，并统筹安排。

（2）省级政府依照中央指示，分析本地灾情以及当地资源应对情况，对需要进行重建的政府进行选址以及人员的安排，并对本地的经济情况进行调查后做出经济部署。

（3）县级政府主要负责具体的灾后重建过程。具体的如灾民的安置问题上，在哪里安置活动板房，确定活动板房的数量，灾民的生活设施的提供，灾民的心理问题的疏导，受损学校的重建规模、地址等。县级指挥部门应该大力整合当地资源进行灾后的重建工作，在资源供给不足时可以向上级部门申请，上级部门根据各地资源应对情况给予人力及其他资源的支持。

参 考 文 献

［1］陈安，陈宁，倪慧荟，等. 现代应急管理理论与方法. 北京：科学出版社，2009.

［2］陈安，马建华，等. 现代应急管理应用与实践. 北京：科学出版社，2010.

［3］汶川地震灾区卫生系统灾后恢复重建任务基本完成. 见：http://www. gov. cn/jrzg/2011 – 11/17/content_ 1995434. htm.

［4］汶川地震灾后恢复重建公共服务设施建设专项规划. 见：http://baike. baidu. com/view/8691862. htm.

［5］成都市人民政府办公厅关于促进房地产业恢复发展扶持居民安居置业的意见. 见：http：//www. chengdu. gov. cn/wenjian/detail. jsp？id＝Js6yfRViuXnGMLQ6J38C.

［6］中华人民共和国突发事件应对法. 见：http：//www. gov. cn/flfg/2007-08/30/content_ 732593. htm.

第 5 章　强震次生地质灾害及地质环境的监测与防治

　　地质环境是自然环境的一种，指由岩石圈、水圈和大气圈组成的环境系统。地质环境是整个生态环境的基础，是自然资源主要的赋存系统，是人类最基本的栖息场所、活动空间及生活、生产所需物质来源的基本载体。从根本上说，地球上的一切生物都依存于地质环境。地质环境对于人类的生活、生产及生态之间的适应性如何，从根本上决定着人类生存发展环境的质量。

　　地震容易引起山体松动、危岩崩塌，如图 5−1 所示。山体松动往往会引起一系列的地质环境变化，如山石堵塞河道形成堰塞湖，触发大量滑坡和泥石流等。地质灾害是地质环境极端恶化的一种表现形式，容易导致巨大的人员伤亡和环境破坏。

图 5−1　山体崩塌

5.1　强震导致的堰塞湖

5.1.1　汶川大地震引起的堰塞湖概述

地震活动造成的岩石崩塌会导致山崩或滑波，这些滑落的岩石堵截住山谷、河谷时，容易造成大量水体贮存在一封闭空间而形成堰塞湖。堰塞湖的堵塞物不是固定永远不变的，它们也会受冲刷、侵蚀、溶解、崩塌等。一旦堵塞物被破坏，湖水便漫溢而出、倾泻而下，形成洪灾，极大的威胁人民生命财产安全。

汶川大地震共形成大小堰塞湖 246 处，其中较大的堰塞湖有 60 余处。堰塞湖造成部分地区交通中断、城镇被堰塞湖水淹没，并时刻有溃坝的危险。汶川大地震造成的堰塞湖分布如图 5 - 2 所示。唐家山堰塞湖是汶川大地震后形成的面积最大、也是危险最大的一个堰塞湖，如图 5 - 3 ~ 图 5 - 5 所示。唐家山堰塞湖的最大可能库容为 3 亿 m³。滑坡堵塞坝顺河长约 803m，横河最大宽约 611m，顶部面积约 30 万 m²，由石头和山

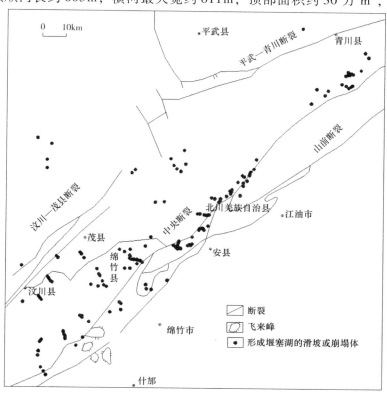

图 5 - 2　汶川地震形成较大堰塞湖分布图

图 5-3　北川唐家山堰塞坝

图 5-4　唐家山堰塞湖淹没库区城镇

坡风化土组成，严重威胁下游包括绵阳市在内的大中城市的安全。地震还导致青川东河口附近形成堰塞湖，如图 5 - 6 所示。

图 5 - 5　唐家山堰塞湖

图 5 - 6　青川东河口堰塞湖

5.1.2　强震引起的堰塞湖的监测

地震发生后，应首先利用现场勘查、航拍及遥感等技术手段对可能形成堰塞湖的地区进行动态检测，及时了解可能导致堰塞湖发生的地质状况，对于已经开始发育的堰塞湖，要及时对其发育状态进行监测，预测其溃决时间及洪水下泄时可能影响到的范围。

以汶川地震引起的唐家山堰塞湖为例，2008 年 5 月 19 日，国家抗震救灾部门会同国家水利部门成立了唐家山堰塞湖处置指挥部，对唐家山堰塞湖的发育情况进行 24 小时不间断监测。监测的手段包括直升机航拍和卫星遥感拍摄。

2008 年 5 月下旬，指挥部门在唐家山堰塞湖泄洪通道沿线建立了远程视频监控系统，共建立了 14 个无人值守观测点，其中有 5 个红外线"夜眼"，通过摄像头不间断监测唐家山堰塞湖泄流情况，确保一旦出现险情可以第一时间发出警告。摄像头可以通过控制进行左右 360° 旋转，上下 90° 旋转，36 倍变焦，即时传输视频数据，收集的数据通过卫星即时传回到北京、上海、绵阳、成都等各个抗震救灾指挥部，为预测水情提供重要的决策支持。

5.1.3　强震引起的堰塞湖的预警

堰塞湖溃坝时破坏性巨大，因此必须根据堰塞湖的动态监测结果制订可行的预警方案，即安排群众撤离堰塞湖淹没区，安置在临时驻扎场所，并制定下游危险区的撤离预案，最大程度上减轻对人民的人身和财产造成的危害。

以汶川地震导致的唐家山堰塞湖为例，抢险指挥部门根据堰塞湖的发育状况以及可能的溃坝的方式，四川绵阳市"5.12"抗震救灾指挥部 2008 年 5 月 26 日下午召开唐家山堰塞湖疏散群众工作动员大会，针对可能发生的溃坝情况，组织部署三种撤离方案：

方案一（1/3 溃坝）：全市共需撤离 15.86 万人，淹没城镇面积 460.2 万 m^2；

方案二（1/2 溃坝）：全市共需撤离 120.16 万人，淹没城镇面积 5368.6 万 m^2；

方案三（全溃）：全市共需撤离 130 万人，淹没城区面积 6234.6 万 m^2。

一旦出现紧急情况，有关方面将通过专线电话、广播电台、电视等方式迅速动员撤离。与此同时，堰塞湖区将发射信号弹，绵阳城区也将拉响防空警报。有关疏散命令将在紧急情况出现前 4~8 小时下达。

根据 5 月 29 日下午 4 时唐家山堰塞湖避险疏散指挥部发布的一号令，北川唐家山堰塞湖避险疏散预案 1/3 溃坝方案全部启动。从当天上午 8 时开始至 5 月 31 日 8 时，预案涉及的 19.75 万名下游群众全部撤离到预先设定好的安全地带。同时，绵阳市确定在 31 日至 6 月 2 日进行全溃坝淹没线以下人员疏散撤离指挥系统演习。

为保障被转移群众的生活，绵阳市在撤离的各乡镇和社区临近的安全地带设立了安置点。仅涪城、游仙两个城区就安排了 61 个安置点，搭建了 1 万顶帐篷，免费提供食品、饮用水并给予适当补助。指挥部在建筑物和树上画出全溃坝的等高线，告诉群众哪些地方可能被淹没。

5.1.4　强震引起的堰塞湖的治理

要根除地震导致的堰塞湖可能造成的溃坝风险，减轻对人员和财产造成的危害，必须首先由专家进行堰塞性质判断和危险性评估。

如果任其发展，堰塞湖一般有两种溃决方式：逐步溃决和瞬时全溃。逐步溃决的危险性相对较小。但是，如果一连串堰塞湖发生逐步溃决的叠加，位于下游的堰塞湖则可能发生瞬时全溃。

专家可根据堰塞湖的数量、距离，堰塞坝的规模、结构，堰塞湖的水位、水量等条件进行判断。如堰塞坝是粒径较小、结构松散的土石堰塞坝，相对来说是比较容易溃决的。

对于危险性大的堰塞湖，必须以人工挖掘、爆破、拦截等方式来引流，逐步降低水位，以免造成大的洪灾。

堰塞湖的治理是一项系统工程，以唐家山堰塞湖为例：2008 年 5 月 27 日，水利部、武警水电部队、成都军区、绵阳市委市政府、四川省水利厅等有关部门的负责同志，集中研究了唐家山堰塞坝施工、后勤保障、预测预警、人员转移、错峰调度等相关事宜。最终确定了"疏通引流，顺沟开槽，深挖控高，护坡填脚"的施工方案。

2008 年 5 月 30 日上午 8 时许，国务院抗震救灾总指挥部水利组组长、水利部部长、水利部抗震救灾指挥部总指挥陈雷，水利部副部长、水利部抗震救灾前方领导小组组长矫勇，水利部抗震救灾前方领导小组副组长、长江委主任蔡其华等，再度率组进入唐家山堰塞湖应急处置工程现场指导工作，对施工组织、人员撤退预案、开挖爆破方案等进行了现场一线会商。

2008 年 5 月 30 日，现场运进大批钢丝兜，固堤护脚工作全面展开。地球物理勘测有关机构进入现场，对堰塞湖地理环境进行勘测，对整体唐家山堰塞湖抢险工作做资料记录和科研考察。

截止 2008 年 5 月 30 日下午 16 时，投入兵力 619 人。反铲 14 台，推土机 26 台，汽车 4 部。累计运送食品 12.5t，饮料 16.68t，最多时出动兵力 680 人，炸药 10.8t，柴油 69t，汽油 0.7t，铅丝笼 4t，帐篷 45 顶。

2008 年 5 月 31 日 22 时，唐家山应急疏通工程建设任务完成。共完成土石方开挖 13.55 万 m^3，钢丝笼护坡 $4200m^3$，道路疏通 17km，场地平整 $140m^3$，树木清障 $35000m^3$。投入兵力 1021 人（前方 621 人，后方 400 人），反铲 14 台，推土机 26 台

（6 台经常故障停滞），车 4 台（坏 2 台）。设备运行台班数 752（一天三班）。

2008 年 6 月 1 日上午 10 时，唐家山堰塞湖抢险指挥部召开紧急会商会。会议就唐家山堰塞湖应急排险施工完成原定方案目标任务后的人员转移安置、堰塞湖水位水文和堰体的安全监测，以及地方会商指挥决策机制的建立等相关工作作出研究和部署。

2008 年 6 月 1 日下午 6 时，除监测人员外，唐家山堰塞湖应急排险工程施工人员已全部撤离。确定排险将采用自然泄洪方式，而不再实施爆破。

2008 年 6 月 2 日，唐家山堰塞湖排险工程措施已基本完成，接下来是进一步加强排险的非工程措施。进一步加强水情、雨情、工情、险情等方面的监测，特别是水情监测工作；以水情、雨情、工情、险情为基础，加强会商；加强坝前、治城站水情监测以及坝下出水口流量监测，包括浊度变化等，切实做好预测预警工作；落实责任，抓紧做好其他堰塞湖尤其是高危堰塞湖的水文监测工作。

汶川地震堰塞湖由于堰塞坝处理及时，没有造成大的次生灾害。

5.2　强震引起的滑坡与泥石流

5.2.1　汶川大地震引起的滑坡与泥石流状况综述

地震导致原有的山体裂隙加速"发育"，甚至贯通，同时导致新裂隙大量产生，因此山体稳定性大为降低。地震还导致地表产生的大量松散堆积物。因此地震后震区容易发生滑坡和泥石流。

汶川地震触发滑坡数千处，大型和特大型有近百处。在统计的 105 个大（巨）型滑坡中有 80 个距发震断层距离小于 5 km，占总数的 76.19%，安县大光包滑坡、唐家山滑坡、王家岩滑坡、文家沟滑坡等巨型滑坡都分布在这个距离范围内。有 98 个距发震断层距离小于 10 km，占总数的 93.33%。距发震断层距离大于 10 km 的仅有 7 个。以上说明大（巨）型滑坡的分布受发震断层控制，地震波对坡体强烈的冲击是触发大（巨）型滑坡的决定性因素。距发震断层越近，地震波对坡体的作用越强烈，就越容易触发大（巨）型滑坡；反之，随距发震断层距离增大，地震波对坡体作用迅速减弱，地震触发的滑坡崩塌规模也就相对较小（黄润秋等，2008）。值得注意的是，由于极震区地震加速度高，加之地形放大效应，大型滑坡一般具有抛射现象，抛射物着地后或遇障碍物，瞬时转化成碎屑流，然后继续做下坡运动。运动过程中具有泥石流弯道超高、遇障碍转弯等特点，危害性极大，一些位于极震区的村庄（如青川东河口）和民舍（如文家沟）则被碎屑流掩埋。

汶川地震造成的泥石流至今近 5 万处，泥石流发生带沿断裂带及深切峡谷呈带状分布。暴雨极易触发泥石流，2008 年 9 月 24 日和 2009 年 7 月 16 日发生在北川和青川的特大暴雨，分别将老北川县城和青川东河口地震遗迹破坏。因此，地震过后的数年甚至数十年是泥石流的高发期。

　　从地域来看，传统的地质灾害多发区达州、遂宁等地近几年来地质灾害发生数量明显偏高，而原本地质灾害发生数量较少，但受地震影响较大的地区，如绵阳地区，地质灾害发生数量猛增，目前绵阳地区每年发生的地质灾害数量居四川省首位。

　　迄今为止，汶川地震后比较严重的泥石流事件发生在震源所在地映秀镇和甘肃舟曲县。2010 年 8 月 14 日，强降雨过程导致汶川震区映秀镇红椿沟泥石流暴发，泥石流堰塞堆积体堵断岷江主河道，导致河水改道冲入映秀新镇，引发洪水泛滥，差点将重建后的映秀新城毁于一旦。2011 年雨季，映秀镇也多次发生泥石流，造成了巨大的人员和财产损失。2010 年 8 月 8 日，甘肃南部的舟曲县发生特大泥石流滑坡事件，如图 5 - 7 和图 5 - 8 所示。舟曲特大泥石流事故共造成 1000 多人死亡，冲毁了大量房屋和交通设施。

图 5 - 7　2010 年中国国家测绘局公布的舟曲灾后 1∶1000 高分辨率
（无人机航摄影像图）

5.2.2　强震引起的滑坡与泥石流的排查与监测

　　强震引起的滑坡与泥石流一般由暴雨触发，即滑坡与泥石流灾害一般是地震与降雨共同作用下的结果。因此在雨季之前，对具有滑坡和泥石流隐患的区域进行认真排查，非常有必要。

　　滑坡与泥石流隐患的排查与监测可以借助多种技术手段。较大的滑坡与泥石流隐患既可以使用直升机航拍的方式进行排查与监控，也可以利用遥感图像进行排查与监

图 5 - 8   卫星拍摄舟曲泥石流全域大图（来源：美国航空航天局）

控。较小的地质滑坡和泥石流隐患具有一定的隐蔽性，可发动群众进行现场排查。

汶川大地震发生后，四川省对各类地质隐患，特别是滑坡和泥石流隐患进行了排查。据四川省地质环境检测总站总工程师郑勇介绍，截至 2009 年 8 月 20 日，四川省先后启动了两批 300 多个地质灾害隐患项目的排查和监测工作，共排查出 800 多项地质灾害。2009 年 8 月底之后启动了第三批 500 多个项目的治理。

地质灾害隐患的排查与监测，是地质灾害预警和防治的先决条件。全面而详细的地质排查和监测，可以最大程度上减少地震引起的地质次生灾害对人们的人身和财产造成的损害。因此，对汶川地震区的泥石流风险进行评估和监测，具有重要的实践意义。

5.2.3 强震引起的滑坡与泥石流的预警

滑坡与泥石流一般发生时间较短，破坏力巨大，一旦发生将对人们的生命和财产造成严重破坏，因此，必须加强滑坡与泥石流的预警工作，但因其爆发时间较短，即时预警比较困难。如果从从对地质隐患进行长期监测、对地质灾害进行综合治理，以及新建住房的合理规划几个方面综合考虑，则可以最大程度上避免滑坡和泥石流以及所造成的损害。

　　加强对滑坡和泥石流成灾过程的理论研究，特别是滑坡和泥石流的启动过程和堆积过程的理论研究，并将所得到的研究成果与实践相结合，有助于对滑坡和泥石流的发生进行中长期预警和即时预警。

　　对于大型的滑坡与泥石流隐患地带，可以利用航拍或遥感图像进行长期连续监控。一旦发现地质隐患的地形有较大变化，滑坡与泥石流发生的可能性大增时，即采取适当的预警措施，比如对隐患区采取戒严等措施，在一定程度上可以减少滑坡或泥石流造成伤亡的事故。

　　因为滑坡与泥石流一般由暴雨触发，因此雨季到来时，要加强已排查出的滑坡和泥石流隐患地区的监测工作。对于利用遥感和航拍进行的监测，要增加监测的频率。对于人口密集的隐患地带，要建立现场实时监测体系，避免类似舟曲泥石流灾害的发生。

5.2.4　强震引起的滑坡与泥石流的防治

　　对于已排查出的滑坡与泥石流等地质隐患，要根据其破坏特点，积极采取各种措施进行防治，以消除隐患。一般说来，分为下面几种情况：

　　（1）地震造成了山体严重开裂。这种情况下应该采取爆破等手段，将开裂、悬空等易造成滑坡与泥石流的山体进行处理，使开裂的山体最终处于稳定状态。2009 年 8 月 9 日发生于台湾地区小林村的泥石流，究其原因，就在于 1999 年的地震造成了山体严重开裂，但山体表面的植被很快掩盖住了山体的裂缝，所以没有引起人们的注意。开裂的山体因雨水侵袭逐渐发育，最终导致了小林村特大泥石流的发生。

　　（2）地震未造成山体开裂或造成山体轻微开裂，但造成山体表面的土层松动。雨季的暴雨容易使松动的土层下泄，发生泥石流。这种情况下，应通过植树种草等手段，尽快将表层的土壤固定，减少泥石流发生的可能性。

　　（3）工业、民用以及交通工程的选址。各类建设工程选址时，应首先进行地质灾害隐患的排查，在排查结果的基础上，进行合理规划，以最大程度上避免滑坡和泥石流对工程造成损害。

5.3　地球化学异常与污染

　　化学污染是指对人或生物有害的化学物质进入环境后，超过环境宿体的承受能力，从而改变环境正常状态的现象。地震后的地球化学污染，包括由地震引起的自然界化学污染和救灾施用物引起的人为化学污染。

5.3.1 地震引起的自然界化学污染

地震会引起地球内部的热能、气体、地下水以及元素等化学物质，向地表迁移的规模发生突变等异常现象。如果从地球内部释放的对人或生物具有潜在危害的化学物质，超过地表环境的承受能力就会造成地球化学污染。

1. 气体异常

地震不但可以造成圈闭在地球内部岩石孔隙中的气体变化，还可引起岩石圈的温度—压力发生突变，从而造成地下水中溶解的气体物质溶解度降低，而沿着地震断裂系统向地表扩散而释放出来。由于气体的扩散、渗透能力强，迁移速度快，对应力的响应比固体岩石圈更敏感，因此往往在岩石圈变形之前就可能发生气体的异常释放现象。气体异常可以作为地震的地球化学前兆之一。如氡、氢、氦、氟等元素，已成为地震监测的常用参数。

（1）氡异常

氡气是一种无色、无嗅、无味的放射性气体，为放射性金属铀（Uranium）降解所产生，它广泛存在于土壤和岩石中。科学家们已经证实，氡气是导致肺癌的主要因素之一，还会引起心血管、消化系统等近期或远期的病变。氡气又易溶于水，与水一起进入消化道。

岩石圈中的氡气不断地向地表逸散，地震活动能够引起氡浓度的异常变化。氡的浓度在无震时变化幅度较小，在震前则大幅度增高或降低。因此，氡是进行地震监测的一个常用对象。氡有三种短寿命放射性同位素，其中^{222}Rn 的半衰期为 3.825 天，是短临监测的一个重要参数。

刘耀炜等（2009）、张昱等（2009）的研究表明，汶川地震前甘肃和邻区部分模拟水氡测点有明显的趋势异常，而且异常持续时间较长，异常的同步性和成组性较好。在空间上无明显规律，但异常点距震中均较近。多数水氡测点的震后效应明显，观测曲线变化类型以阶变上升型为主，而且部分观测点发生了可能与氡气浓度相关的水位或流量同步变化。截止 2008 年 10 月，大部分产生震后效应的观测点已经恢复到原来测值状态，但仍有少部分测点保持震后变化的高值或低值，甚至有的测点继续上升。

谷懿等（2009）在汶川地震半年后，即 2008 年 12 月，通过对北川断裂、彭灌断裂和新津—蒲江断裂的 5 个剖面进行氡气监测的结果显示，断裂剖面土壤氡浓度背景高于无断裂带地区，且距震中越近，断裂剖面土壤氡浓度值越高；断裂剖面氡浓度异常阈值与背景值之比均不大于 3，最大值与背景值之比均小于 5。结合测量地点的地形、表层土壤结构等地质条件，对上述活动断裂相对活动性的强弱进行了评价，认为目前大成都地区并无活动性极强的断裂，且北川断裂与新津—蒲江断裂的活动性高于彭灌断裂。

（2）天然气等可燃气体释放

四川省是我国重要的油气产地之一。尽管川西地区油气资源的探明率不高，但有利的地质背景表明其具有极佳的成油成藏潜力。而5·12地震的重灾区——龙门山断裂带，就蕴藏着川西地区近一半已探明的油气资源。曹俊兴等（2009）通过对地震特征、地震破裂与地下流体运移关系的分析，认为龙门山地震对川西地区油气运移聚散有着控制性的影响作用，并提出了一个龙门山地震控制川西油气运移聚散的概念模型，并依据该模型分析认为地震将导致龙门山推覆体地层中油气的散失和川西坳陷天然气的爆发式深生浅储成藏。汶川地震后灾区发生了多起可燃性气体释放事件，成分可能就包括天然气。2008年6月中下旬，四川省青川县建峰乡一带，沿山前河流或湿地，多处出现冒气现象（图5－9）。气体无明显的气味、可燃，推测为沿断裂上涌的天然气。

图5－9　四川省青川县建峰乡沿河流出现多处冒气现象

2009年2月，四川省青川县青竹河红光乡东河口村至前进乡黑家段，一处长几百米的河底和河沿出现可燃气体。在东河口滑坡体上，可见40多处地点冒起白色蒸汽，蒸汽汇成一片白雾，白雾升腾时长700～800m，2m多高，空气中充满硫化氢的味道。距白雾七八公里的石板沟，河水"咕嘟咕嘟"像沸水般不断冒泡，还有可燃气体间隙性的喷发。

2. 水体异常

（1）水文异常。中强地震、特别是7级以上的强震，常常会导致震区及其周边甚至远程的水文异常。水文异常，通常包括水位、水温、水溶气（水氡、水氦、水氢等）、水溶微量元素（锂、锶、硼、氟、溴、碘等）等参数的变化情况，早在古时就为人们所注意，并作为地震的前兆之一。例如，1855年清朝《龙德县志》就有"井水堪静，倏息深如墨；池沼水无端泡沫上腾，若煎茶……势必地震"的记载。其中，水位变化、特别受人为因素干扰较小的地下水的水位变化，主要受观测点的地质构造和水文地质条件影响，是震区发生滑坡等次生灾害的重要诱因之一。而水温变化的影响因素较多，如观测点水温梯度、地震引起的水体流动方向、探测器安放的位置等，规律性不甚明显。与汶川地震有关的水文异常，已有许多报道。杨竹转等（2008）对中国大陆96口探测井水位和水温资料的分析结果显示：①汶川地震引起的水位同震变化以上升为主，同时水位上升与下降的井点空间分布表现出分区性，震区及相邻的西南地区和华北地区南部以上升为主；②水温同震变化以下降型略占优势，其空间分布没有表现出明显的规律性。

许领等（2009）在野外地震地貌考察的基础上，根据河流走向与断层位置关系，并结合地表破裂特征，总结了汶川地震对现代河流形态影响的几种地貌类型：顺向陡坎跌水，河道错动，断塞湖（塘），河流改道等，并对其演化趋势进行了讨论。分析了汶川地震的河流水文效应：地震增加了河流泥沙含量，改变了河流水质，同时，也使得河流与地下水系统之间的联系更为紧密。

（2）水污染

1）矿山损毁引起的水污染及防治

施泽明等（2009）的研究表明，汶川地震灾区内的矿山基本沿龙门山中央断裂东侧的高山峡谷地貌区分布，共有铅锌矿、煤矿、铜矿、磷矿、金矿等矿种的产地326处。其中，大型矿52处，中型矿94处，小型矿73处，矿点105处。5·12汶川特大地震造成绝大多数矿山不同程度的损毁，由于矿产开采主要是地下开采，地震损毁造成部分矿井、坑道损坏，其造成的污染没有造成大规模扩散，但矿山损毁引发矿区内酸性矿坑水外渗、尾矿坝跨塌，对周围小范围土壤造成直接影响，主要是通过矿山→水系→土壤这一途径，对下游流域造成影响。地震破坏严重的是都江堰、什邡—绵竹一线，主要涉及煤矿、铜矿、磷矿，影响流域最大的是沱江和岷江。水系及水系沉积物震前震后对比研究显示，绝大多数重金属元素及放射性元素 Th 均有较大幅度的提高。彭县铜矿尾矿库在本次特大地震中受损最严重，Cd、Cr、Cu、Pb、Zn 含量明显偏高，上下游影响范围达数公里。地震造成大量的堰塞湖，造成上游矿山有毒有害物质在堰塞湖水系中淤积形成规模巨大的元素储存库，其对下游环境的影响可能是一个缓慢释放影响的过程，应该予以高度关注。此外，磷矿山开发产生的固体废弃物磷石膏堆放场周边土壤剖面分析研究显示，磷石膏堆放对土壤面源及垂向影响较大。

损毁矿山重建时，地面建筑选址应当避开地震活动断层或者生态脆弱区域，以及可能发生洪灾、山体滑坡、崩塌、泥石流、地面塌陷等灾害区域，考虑开发过程中所产生废弃物的堆放位置及其排出方位，预防形成堰塞湖；优先采用抗震性能好的框架结构，提高建筑物的抗震性能；在保证安全的前提下，及时疏通矿山坑道、疏浚淤积坑水，预防高浓度淤积坑水突发性泄露而造成河流和土壤污染等次生灾害。

尾矿坝应优先选择坝体孔隙率较大、适应地基变形能力强、能较好地抵抗地震波的震荡作用的"柔性"坝——机械碾压堆石坝；库址选址时要确保尾矿库直接冲刷范围内无居民村户、良田，选址尽可能远离人民群众生产生活相对集中的区域；尾矿坝坝坡适当放缓、坝顶宽度适当放宽；尾矿库的排洪系统设计时应当遵循"大水大走，小水小走"的原则，可以采用溢洪道——小断面坝下排洪系统的联合排洪系统；加大安全生产监督管理力度（沈楼燕等，2009）。

磷石膏的主要成分为 $CaSO_4 \cdot H_2O$，并含有少量的 SiO_2、Al_2O_3、Fe_2O_3、CaO、MgO，微量的重金属离子及放射性元素，及未分解的磷矿粉、P_2O_5、F^- 和游离酸等杂质，可以本着"减量化、资源化、无害化、高效化"的原则，"变废为宝"加以综合利用，特别是要加大对于经济发展所急需的短线产品和大宗产品的研发利用力度。

2）固体废弃物引起的水污染及防治

地震灾害发生后，短期内产生了大量的废墟及废物，同时地震导致固体废弃物的处置设施受到了严重破坏，大量的灾区固体废弃物无法进行及时处置，就会成为地表水和地下水的主要污染源之一。

地震发生后固体废弃物会对水体直接和间接污染。一是把水体作为固体废弃物的接纳体，向水中直接倾倒废物，从而导致水体的直接污染；二是固体废弃物在堆积过程中，经雨水浸淋和自身分解产生的渗出液流入江河、湖泊和渗入地下而导致地表和地下水的污染。水源可能受到破坏，也可能受到包括房屋倒塌产生的石、砖、瓦块和腐烂的尸体或者是粪便等污染物的污染。部分水井往往在地震的时候会出现一些变化，呈现为黑色，无法饮用。

对于固体废弃物的处理，首先对污染性和传染性废物进行控制、消杀，在消杀的同时进行处理或达到一定的程度之后，再对灾区固体废弃物进行收集、处理。同时，固体废弃物的处置要本着"减量化、资源化、无害化、高效化"原则，进行安全有效的处置和利用，变废为宝，使之成为一种再生资源，在灾区重建中发挥一定的作用。

3）救灾工具排出油污引起的水污染及防治

为了抗震救灾，中央和地方政府、人民解放军及众多志愿者投入了大量交通运输工具、工程机械车辆等，特别是人民解放军还动用了冲锋舟、大型驳船等深入灾区，抢救伤员，转运被困灾民。这些大型救灾工具在使用过程中所排放的油污对地表水会造成污染，

对已受到污染而又无清洁水源可供替代的，可在饮用前对水体采用活性炭、高锰

酸钾和高氯酸钾等进行处理，处理后经检测合格方可饮用，同时应制定相关的饮用水安全保障的应急预案等措施。

4）高危化学品行业的泄漏引起的水污染及防治

高危行业生产、储存的危险化学品由于地震可能产生外泄，一些危险品液体可能会流入水体，造成水污染。由于水体的流动性，还可能会扩大污染影响。此外，由于地震破坏了毒性污染物处理设施，损坏承载毒性污染物的结构，有可能造成有毒物质泄漏到地下水的事件。因为容纳和处理毒性废物的结构，如地下填埋、水塘等，通常由岩石和土壤组成，它们会被地震活动所破坏，产生毒性污染物的泄漏或渗漏，导致地下水污染。

因此，对有可能导致地下水污染的地带，必须开展地下水质量阶段性监测；对有污染的地方，应严禁作为居民饮用水源地，以免震后居民饮用受污染水源而对健康产生新的危害风险。

3. 大气污染

地震后，空气中漂浮的大量粉尘以及化工、金属冶炼等行业有毒有害气体泄露，会给灾区人民的生产和生活带来急性危害。此外，灾区大量废弃物、动植物的残体被掩埋，在当前高温条件下厌氧或缺氧发酵，产生大量的有害气体（如硫化氢、氨气等）会产生慢性伤害。震后，各种大气污染将长期存在。

（1）工厂泄露污染气体。工厂排放的废气经过处理后一般不会引起大气污染事故，但是地震后，含硫、氟、氯、氨等元素的污染气体泄露，可引起大气污染事故的产生。

（2）车辆、设备排放气体。灾区聚集了大量的车辆、机械以及其他重型救灾抢险设备，会排放大量的氮氧化合物。大气中氮氧化合物污染物主要是 NO_2。NO_2 是棕红色有刺激性臭味的气体，毒性比 NO 约强 5 倍。其危害特征与 SO_2 相似，但是毒性弱些。

（3）大气粉尘污染。地震中山体滑坡、建筑倒塌、人员营救、倒塌建筑的清理及灾后重建等都会产生大量粉尘。另外灾区生活垃圾、医疗垃圾、农作物秸秆等固体废弃物的焚烧，也会产生大量的大气粉尘污染物。

4. 地热异常

地壳运动引发大地震，地热异常是地壳强烈运动的产物，因此地震常常伴随着地热异常。地热异常是指地下温度和地热梯度比周围地区显著增高的现象，在陆地上表现为地面温度高。

地震前出现的地表温度异常被人们察觉，历史上亦不乏记载，我国史料中就记载了许多强震前出现的热异常现象。1978 年的唐山大地震，其震前就出现了地表热异常。唐山大地震发生前气压高、多雨，地表下 0.8m 处地温与常年相比差异较大，震前 3 天突然增温，其增温中心即为后来的震中区。黄广思等的研究表明，强震前在震中区较大范围内出现增温异常是一种普遍现象，这种增温异常不仅表现在气温上，还表现在地表温度和地表下浅层地温上。汶川地震后，成都龙泉出现了多处地热现象，地下几米深处的温度达到 95℃。而在青川县青竹河红光乡东河口村至前进乡黑家段，一处长几百米的河底和河沿出现可燃气体。曾实地考察过的中国地质大学王成善教授初步认定为地热和天然气。

5.3.2　救灾施用物引起的化学污染

震后为了防疫的需要，必须大量喷洒消毒剂、化学农药等。大量化学品的使用有效地控制了蚊虫的滋生和传染病的发生，对保护灾区群众生活环境，维持灾区社会稳定起到了重大的促进作用。但不可否认，大量消毒剂、化学农药的使用有时会对灾区群众的居住环境和农业生态环境带来意想不到的长期危害后果，导致灾区土壤、地表水和地下水的不同程度污染，为未来的灾区重建带来新的困难和障碍。

因此，在消毒剂、化学农药等的品种选择上，应尽可能使用那些对人畜危害较轻，在环境中易降解的化学消毒剂。禁止在灾区使用国家明令禁用的六六六、滴滴涕、毒杀芬、二溴氯丙烷、杀虫脒、二溴乙烷、除草醚、艾氏剂、狄氏剂、汞制剂、砷类、铅类、敌枯双等农药进行杀虫，防止对周围环境和水源造成污染，推荐使用拟除虫菊酯类杀虫剂。在灾民安置区应尽可能使用粉剂或水剂，减少易挥发消毒剂和农药的使用，以免造成对大气的不同程度的污染，导致灾民安置居住环境的恶化。

5.4　强震导致的生态环境变异

地震及其引发的各种次生灾害不但给人类造成了巨大的灾难，还对震区的生态环境造成了严重破坏。5·12 地震重灾区，不但是许多珍稀物种的重要栖息地，拥有多个自然保护区；而且是人类开发历史悠久的地区，保存了大量的人文古迹景观。它们都是人类社会生态环境的重要组成部分，在本次大地震中，许多自然保护区遭到了不同程度的破坏。

汶川地震灾区内的岷山和邛崃山系，是全球生物多样性保护的关键地区。区内动植物种类繁多，生物资源十分丰富，是珍稀野生动物大熊猫、川金丝猴、羚牛等的主要分布区。地震及其次生地质灾害，不但使四川、甘肃、陕西、重庆等省市的 60 多个自然保护区的基础设施遭到不同程度的破坏，还加剧了水土流失，造成自然植被大面积毁坏，森林资源等自然生态系统受到严重破坏，包括"国宝"大熊猫在内的一大批珍稀濒危物种受到严重威胁。

根据王智等（2009）的研究统计，本次地震造成生态系统丧失面积为 6 万多 hm^2，占生态破坏重灾区自然生态系统面积的 2.8%。以四川小金四姑娘山国家级自然保护区为例，其地质灾害严重区域达 53 处，造成山岩崩塌或泥石流面积 112 万 m^2，原始森林被严重毁坏 35km²，需要清理和治理的河道 43km。区内分布有野生大熊猫约 1000 只，占全国大熊猫种群 70%。地震及其次生地质灾害，导致 3.8% 面积的大熊猫栖息地丧失，11.5% 的栖息地受到影响。大熊猫栖息地受损最严重的自然保护区依次有四川九顶山、卧龙、龙溪—虹口、白水河、千佛山、草坡、唐家河、甘肃白水江等 8 个自然保护区，仅九顶山自然保护区内大熊猫栖息地丧失面积就达 5988hm²。

我国最大的大熊猫自然保护区——卧龙国家自然保护区，距离汶川仅约 30km，生活着 400 多只大熊猫。根据程颂等（2008）的研究报道，此次地震对该保护区的大熊猫研究中心造成了极大破坏，如图 5-10 所示。地震还造成了多名工作人员在地震中丧生，14 个大熊猫保育房完全垮塌，其他的保育房也遭到较大破坏。研究中心喂养的熊猫一死一伤，6 只失踪，之后在山中找回 5 只，仍有一只失踪未果。此次地震完全毁坏了大熊猫 533.3 km² 的栖息地，至今仍不清楚野外大熊猫死亡数量。地震使大熊猫栖息地的连通性（廊道）破碎化，影响大熊猫种群交流和繁衍，大熊猫的保护面临新的巨大挑战。

图 5-10　卧龙国家自然保护区震灾情况

5.5　遥感用于监测地质灾害与地质环境的变化

地质灾害具有破坏性强、隐蔽性强、延续时间长、影响范围广等特点，用传统的人工测量耗时耗力，不能达到实时监测的目的。遥感技术具有获取信息快、信息量大、手段多、更新周期短，能多方位、全天候动态监测等优势，因此可为地震灾害调查及损失评估提供一种新的高科技手段。

1. 房屋受损情况监测与评估

可以通过获取灾区高分辨率的遥感影像，结合距地现场勘查，有效地解译和判读出灾区房屋的受损情况，并对具体的损失和后续举措进行简单评估。图 5 - 11 为 5 · 12 汶川地震灾区茂县房屋受损情况的航空影像图，从图中可以估算受灾区域的房屋倒塌率，评估受灾程度和建立相应的应急预案。

图 5 - 11 房屋倒塌影象图

2. 山体滑坡情况的监测与评估

山体滑坡是地震灾害造成的一种比较大的直接灾害，通过遥感影像的解译，不仅可以估算出山体滑坡的面积、土方，以及由山体滑坡所带来的众多次生灾害的可能性，还可以通过遥感监测推断出潜在的滑坡区域，为民众的疏散以及次生灾害的预防提供参考。如图 5 - 12 所示，画线区域均为山体滑坡区域。

3. 水库、大坝灾情监测

通过遥感影像，可以容易地判断地震后水库和大坝水位是否超过了警戒线。如果没有及时、准确地监测数据资料，很容易造成河流、溃坝等次生灾害。

4. 水体污染监测

传感器所接受的辐射包括水面反射光、悬浮物反射光、水底反射光和天空散射光。不同水体的水面性质、水中悬浮物的性质和数量、水深和水底特性的不同，传感器上接收的反射光谱特性存在差异，为遥感探测水体提供了基础。水体污染物浓度大且使水色显著地变黑、红、黄等，与背景水色有较大差异时，在可见光波段的影像上可识别

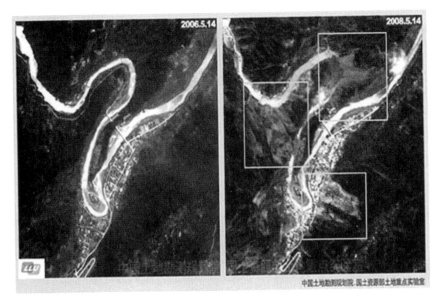

图 5 - 12　山体滑坡影象图

出来。水体高度富营养化，可在近红外波段影像上识别出来；水体受到热污染，可在热红外波段影像上被识别；水上油溢污染可使紫外波段和近红外波段的反射率增高，可被探测出来。

5. 地热异常监测

地震常伴随着地热异常现象，通过探测地热异常，可以有效地预报地震。热红外遥感具有覆盖范围大、全天候动态监测、信息丰富等特点，因而基于热红外遥感手段可快速获取震区大面积热异常影像，连续不间断监测则可得到震区热异常影像序列。地震灾害破坏性极强，对地质构造产生的影响范围极大，需要较长的恢复周期。此外，地震影响区的地质灾害将具有相当长时期的延续性，延续时间将随当地经受的地震动烈度、地质环境条件组合和外在因素干扰的方式、强度及持续时间的不同而不同。因此，地质环境的调查与评价是非常重要而艰难的。

参 考 文 献

[1] 曹俊兴，刘树根，何晓燕，等. 龙门山地震对川西天然气聚散的影响. 天然气工业，2009，29（2）：6 - 11.
[2] 程颂，宋洪涛. 汶川大地震对四川卧龙国家自然保护区大熊猫栖息地的影响. 山地学报，2008，26（旅游专辑）：65 - 69.

［3］谷懿，葛良全，王广西，等．汶川地震震后大成都地区断裂带活动性氡气测量分析评价．工程地质学报，2009，17（3）：296 – 300．

［4］蒋凤亮，李桂如，王基华，等．地震地球化学，北京：地震出版社，1989．

［5］林树枝，等．地震次生地质灾害的分析及防治对策．厦门市建设与管理局，2009．

［6］林志斌．遥感（RS）技术在地震中的应用概述．厦门市地震勘测研究中心福建厦门，2009．

［7］刘传正．汶川特大地震灾害与地质环境安全．中国地质环境监测院，2008．

［8］刘耀炜，任宏微．汶川 8.0 级地震氡观测值震后效应特征初步分析．地震，2009，29（1）：121 – 131．

［9］沈楼燕，龙卿吉．汶川地震对尾矿库设计与管理的启示．有色金属（矿山部分），2009，61（1）：75 – 78．

［10］施泽明，倪师军，张成江，等．汶川特大地震造成矿山损毁对环境的影响．成都："第四届全国成矿理论与找矿方法学术讨论会"报告，2009．

［11］谭开鸥，等．析统景地震后的地质环境变化．四川省地质矿产局南江水文地质工程地质队，1995．

［12］王智，庄亚芳，蒋明康，等．汶川地震对自然保护区的生态影响评估及对策．四川环境，2009，28（3）：46 – 49．

［13］汶川地震灾后重建领导办．汶川地震灾区风景名胜区灾后重建指导意见，2008．

［14］沃飞，等．汶川地震后主要农业环境污染事故分析与防治．农业部环境保护科研监测所．2009．

［15］伍钧，等．地震灾害固体废弃物的污染与防治．四川农业大学资源环境学院，2008．

［16］徐应明，等．震后谨防有毒化学品对环境的污染．农业部环境保护科研监测所污染防治研究室，2008．

［17］许领，戴福初，涂新斌，等．汶川地震对现代河流形态的影响与水文效应．高校地质学报，2009，15（3）：365 – 370．

［18］杨竹转，邓志辉，刘春国，等．中国大陆井水位与水温动态对汶川地震的响应．地震地质，2008，30（4）：895 – 904．

［19］张昱，刘小凤，常千军，等．汶川地震的异常及其震后效应特征分析．高原地震，2009，21（3）：22 – 27．

［20］郑拴宁，等．现代遥感技术在地震灾害中的应用．湖南科技大学地球空间信息研究所，2009．

第6章 建筑物与构筑物的震损评估及修复

6.1 工业与民用建筑

6.1.1 地震中建筑物的破坏

2008 年的 5·12 汶川大地震和 2010 年 4·14 玉树大地震造成了大量的工业与民用建筑物倒塌，多层砌体房屋的倒塌现象尤为严重。

房屋上下部的材料和结构互不相同时，上部砌体结构侧向刚度大，下部框架结构相对较柔，地震时房屋的层间位移会集中在侧向刚度较小的底层。因此，应尽量避免由于上部与底部侧向刚度的差异对房屋整体抗震的不利影响。为了避免地震中脆性破坏对砌体结构造成的危害，应限制房屋的总高度和层数。为防止房屋出现弯曲破坏甚至整体倾覆的现象，应对房屋的高宽比加以限制。

由于房屋所处场地类别的差异、房屋的设计抗震设防烈度的不同、设计基础形式的不同、施工质量的差异以及房屋的平面布置、层高、构造柱、圈梁的设置差异等不同因素的影响，使得在同一地震烈度区域内的砌体房屋各部分的刚度不同，因而也表现出不同的破坏程度。某些房屋主体结构无明显破坏，仅粉刷层出现极细微裂缝。某些房屋外围地坪及房屋底层地面出现明显的开裂、塌陷现象，房屋内部破坏具有明显的规律性：如六层砌体房屋仅底层结构破坏极严重，其他楼层破坏不明显。

某些房屋周围地坪及底层地面没出现裂缝，房屋整体倾斜及相对高程差均在规范允许范围之内，但六层房屋中的二三层结构破坏严重，其余各层无明显损伤。某些房屋大部分墙体直接倒塌，房屋残余部分极为危险。

6.1.2 建筑物的震损评估

对灾区多层砌体房屋的破坏程度进行评估，为下一步指导灾区进行灾后房屋的修复及重建工作具有非常重要的意义。地震后砌体房屋的破坏程度大致可划分为如下几个等级：

（1）极轻微损坏。承重墙体完好，无可见裂缝（粉刷层细微裂缝除外）和明显变形；墙体转角处和纵横墙交接处无松动、脱闪现象；非承重墙体、出屋面楼梯间墙体轻微裂缝；楼、屋盖现浇板无可见裂缝和明显变形；钢筋混凝土预制空心板与墙体搭接处无松动和裂缝；屋盖完好；构造柱、圈梁完好；附属构件（如连接天桥、烟囱、水塔等）有不同程度破坏。破损数量不超过此类构件总量的 3%。

（2）轻微损坏。承重墙体轻微裂缝，无明显变形和歪闪；墙体转角处和纵横墙交接处有松动和轻微裂缝；非承重墙体、出屋面楼梯间墙体、女儿墙明显微裂缝；楼、屋盖现浇板轻微裂缝，无明显变形；钢筋混凝土预制空心板与墙体或钢筋混凝土梁搭接处有松动和轻微裂缝；构造柱、圈梁完好；附属构件开裂或倒塌。破损数量不超过此类构件总量的 8%。

（3）中等损坏。个别承重墙体明显裂缝，部分墙体明显位移和歪闪；墙体转角处松动和明显裂缝；非承重墙体、出屋面楼梯间墙体、女儿墙严重微裂缝或局部酥碎；楼、屋盖现浇板明显裂缝；钢筋混凝土预制空心板与墙体或钢筋混凝土梁搭接处有松动和明显裂缝，个别屋面板塌落；个别构造柱、圈梁存在裂缝；附属构件开裂或倒塌。破损数量不超过此类构件总量的 20%。

（4）严重损坏。多数承重墙体明显裂缝，部分墙体严重裂缝，多数墙体明显歪闪，局部酥碎或倒塌；墙体转角处和纵、横墙交接处普遍松动和裂缝；出屋面楼梯间墙体、女儿墙局部倒塌；非承重墙体严重裂缝；楼、屋盖现浇板普遍裂缝，部分严重裂缝；部分钢筋混凝土预制空心板塌落；构造柱、圈梁存在明显裂缝；附属构件开裂或倒塌。破损数量不超过此类构件总量的 30%。

（5）极严重损坏。多数承重构件倒塌，房屋残留部分不足 50%。

6.1.3 建筑物的加固实例

绵竹市五交化底框商住楼震损具有典型的地震破坏特征。建筑底层为框架，上部是砖混结构。地震中，该建筑底框震害严重，上部砌体基本完好。底层横墙墙体形成贯通 X 形裂缝，墙体局部被压碎，如图 6-1 所示。框架柱震损严重，柱顶部位普遍出现局部压溃，钢筋外露。其中两端 6 根框架柱顶损坏最为严重，已完全破坏，见图 6-2、图 6-3。

目前国内利用钢结构加固的方法主要有外包钢加固法、钢构件代替混凝土砌体构件、利用型钢改变传力路径以及预应力加固法等。钢支撑是一种有效、经济的抗震加固形式，其种类多样、布置灵活，在工厂制作，现场安装，施工简便，工期短、速度快，可作为震损底框房屋加固的主要构件。为了安全、稳妥、快速地对受损底框进行加固，一般采用如下 3 种钢结构快速加固方法：

图 6-1　底层横墙 X 形裂缝

图 6-2　框架顶柱破坏（1）

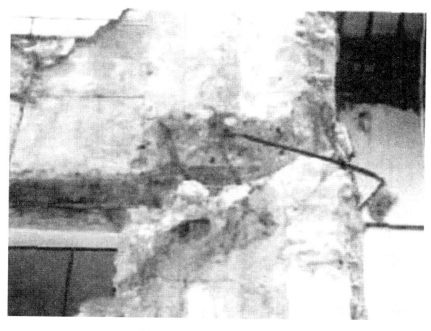

图 6-3　框架顶柱破坏（2）

（1）在底层框架中增设摩擦耗能钢支撑；

（2）在底层框架中增设隅撑钢支撑；

（3）先在底框中增设部分钢支撑，然后将底框柱顶切断改造成层间隔震体系。

通过加固可改变房屋结构体系，从而增加整个结构的抗震性能。采用耗能钢支撑和隅撑钢支撑，可提高底框部分的抗侧刚度和耗能能力。为使新增加钢支撑能够充分发挥作用，应保证其与原有结构有可靠连接。在原有的框架中增设钢支撑后，水平地震作用下，梁、柱轴向荷载会相应增加，为减小加固后的不利影响，需采用合理的支撑结构形式，并对节点部位进行相应的抗震加固。加固后还应避免由于局部加强导致结构的刚度突变，尽量使结构的重力和刚度分布比较均匀对称，防止扭转效应及薄弱层或薄弱部位转移。

（1）摩擦耗能钢支撑加固。原结构底框梁柱节点存在不同程度的损坏，可先采用钢护套对节点进行修复和加固。在底层框架纵横方向设置一定数量的钢支撑，如图 6-4 所示。每一组钢支撑形成自平衡体系，在水平地震作用下，不会给原框架梁、柱增加过多额外荷载。钢支撑直接在地表处与柱相连，通过构造措施加强节点部位的承载能力，不对原有基础进行加固，施工过程中不扰动原有基础，可大大提高安全性，有效缩短加固工期。框架柱在地平面以下普遍通过基础梁进行连接，而且四周的刚性地面和夯实的地基土对其具有较强的约束，增设钢支撑后不会出现短柱破坏的情况。

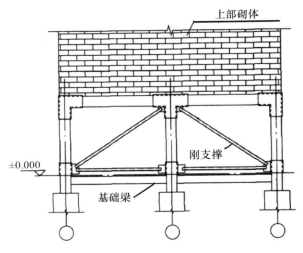

图 6 - 4   框架增设钢支撑

在钢支撑节点处增加耗能能力可提高房屋整体的耗能能力。最简单、经济的做法是在钢支撑的连接板处开设长椭圆形螺栓孔，并采用摩擦型高强螺栓进行连接，如图 6 - 5 所示。通过调节螺栓的初始预压力，实现在正常情况下钢支撑具有足够的强度和刚度，而在罕遇地震作用下连接板之间能够产生相对滑移，达到耗能目的，保证支撑不屈曲。

（2）钢隅撑支撑加固。摩擦耗能钢支撑方案要求连接支撑的梁柱节点必须有较高的承载力，原结构节点破坏严重时可能存在困难或影响加固工期，可改用如图 6 - 6 所示的钢隅撑支撑加固方案。

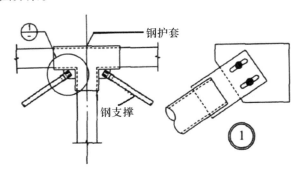

图 6 - 5   摩擦耗能钢支撑

（3）钢支撑 + 层间隔震加固。当设防要求提高后，即使原样恢复结构抗震承载力仍然可能不够。此时采用钢支撑加固底框方案底框承载力容易满足，但可能出现上部砌体抗震承载力不满足，需要普遍加固，这就违背了采用钢结构快速加固的初衷。此

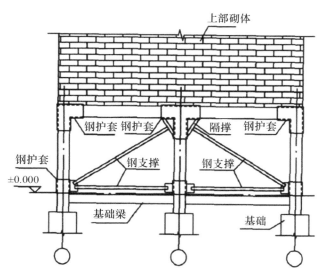

图 6 - 6　钢隔撑支撑

时可采用钢支撑 + 层间隔震的加固方案，如图 6 - 7 所示。首先在底层框架中设置钢支撑和水平钢梁，然后在框架梁与钢梁间设置千斤顶作为临时支撑，最后将柱顶部位去除，并根据计算安装隔震支座，形成层间隔震体系。

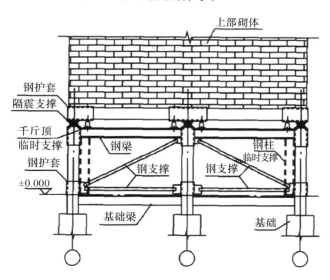

图 6 - 7　钢支撑 + 层间隔震

6.2 道路、隧道与桥梁

6.2.1 地震对道路的破坏

5·12汶川大地震，对交通设施造成严重影响，使很多道路遭受不同程度的破坏，如图6-8、图6-9所示。破坏的形式有：边坡塌方；挡土墙裂缝、垮塌；泥石流淤埋路面；路面出现纵横裂缝等。道路工程能否顺利修复对灾后重建工程也影响巨大。为了给维修提供依据，需要对道路的破坏做出准确的估计。

图6-8 汶川地震造成的路面损坏

图6-9 汶川地震局部受损路段

为便于实际应用,一般把道路的破坏分为 3 个等级。第 1 级为完好和基本完好;第 2 等级为轻微损坏(只需局部维修);第 3 等级为破坏(严重破坏的路基路面,需要翻修)。3 个破坏等级的划分标准见表 6-1。

表 6-1　道路破坏等级描述

破坏等级	震害描述
基本完好	路面完好或仅有少量裂缝,不影响运输
轻微破坏	路面出现不同程度裂缝,一般车辆仍可行驶,对交通影响不大
中等破坏	路面出现严重的裂缝、沉陷,影响车辆行驶速度,需及时抢修

公路作为基础设施"生命线",能否快速修复对抗震救灾至关重要。下面介绍震后公路的快速修复技术。

(1)泥石流疏导。地震后常因泥石流的淤埋而造成交通中断,其影响交通的程度因泥石流性质及规模而定。对于颗粒较粗的稀性泥石流,一般只需适当清除平整后就能恢复交通。而对于黏性泥石流淤埋公路后,一般需要采用机械或人工清除,如采用高压水力冲洗或爆破的方法清除泥石流堆积。对于低等级公路可采用砂石、铁丝网等铺垫在泥石流堆积物上来维持交通。但如果泥石流灾害较为严重,一时难以清除时,可增修便道,以便道来维持交通。

(2)高边坡路基的修复。地震对道路路基的损坏形式根据路基高度而有所不同。对于高边坡路基,地震作用往往会使其产生坍塌滑坡,使道路产生破坏。对此,可针对局部受损路段进行重新填土修建新路基。由于新填土堆载时间过短,土体较为松散,承载力达不到要求,一般可采用碎石挤密桩并结合注浆进行路基处理。

(3)碎石挤密桩设计。①加固范围和布桩的形式。加固宽度一般不小于基础宽度的 1.2 倍,基础外缘可放宽 1~3 排桩。对于由于地震作用有抗液化要求的路基外缘每边放宽不宜小于处置深度的 1/2,并且不小于 5 m。对此处大面积的地基处理,桩位宜采用等边三角形布置。②桩间距的确定。桩间距应根据荷载大小、填土强度和振冲器的功率综合考虑。填土强度较低时,宜取较小的桩距。一般桩间距根据经验为 1.5~2.5 m 较为合适。如须加快施工进度,间距可适当调大。③桩长的确定。桩长主要取决于加固土层的厚度,以满足路基强度和变形控制的要求。对于松散填土,碎石挤密桩应穿透软弱土层至较好的持力层上。由于地震作用,桩长应穿透可液化层。若须考虑稳定性要求,加固深度还应大于最危险滑动面的深度且桩长一般不宜小于 5 m。④桩径的确定。碎石挤密桩的直径应根据土质情况和成桩设备确定,一般为 300~1000 mm。

(4)低边坡路基的修复。地震对道路的影响主要表现为地层的水平和竖向错动,而使道路形成地震裂缝带。这些裂缝带会暂时达到平衡,但如不加处置会产生不均匀沉降,当有雨水沿着裂缝渗入路基时会使其承载力大大降低。因而为了处置这些地震裂缝带对道路的影响可采用压力注浆法进行密实,使路基再次连为一个整体。

压力注浆法是利用机械设备产生的压力将能固结的浆液(此处添加了速凝剂)通过钻孔注入岩土裂隙,并使之在一定范围内扩散和固化,使浆液与周围土体连为整体,以提高路基强度,降低渗透性。将一定质量标准的黏土、水泥和一定量的速凝外加剂混合搅拌形成浆液。对于一些特大裂隙甚至可以事先向裂隙抛入一定量的石块,以减少浆液用量并增强骨架作用。注浆法的一般施工步骤为:机具就位→钻孔→打入注浆管→制浆注浆。

地震对水泥路面的损坏主要有纵、横方向裂缝和混凝土板破碎。

对于裂缝,可选用高强的硅酸盐水泥并添加各种外加剂进行修复。这些外加剂主要包括高效减水剂、早强剂以及膨胀剂。对水泥路面进行修复时,首先对裂缝进行清理,然后进行灌缝。灌浆后一般可在12小时内通车,如较为紧急可采用加保温层或远红外灯加热来加快其硬化速度,通过此种处理方法往往可在2~3小时后通车,从而为救灾争取宝贵时间。

沥青路面的裂缝修复有热沥青修补技术和乳化沥青修补技术。由于地震作用所引起的路面裂缝较宽,同时考虑到施工方便快捷等因素,往往选用乳化沥青修补技术。乳化沥青修补裂缝的施工工艺是,利用压缩空气清理裂缝内杂物,再将乳化沥青、细砂和石屑按一定比例拌和均匀,将拌好的乳化沥青混合料分层填入缝中并夯实,并使混合料高于路面0.5 cm左右,最后撒上一定量的石屑,之后便可开放交通。

由于地震作用会使某些路段路基整体坍塌,此时路面的修复技术与前面路面裂缝修复有较大不同。首先在坍塌处填土、压实,并依据前面所述的碎石挤密桩结合注浆法对填土进行加固处理,然后可采用水泥混凝土路面板的预制拼装来修复路面。经过接缝处理后整个板体便可连为一整体共同受力。此方法最大的优点是修复速度快,从板的拼装到开放交通仅需几个小时。

6.2.2　地震对隧道的损坏

隧道震害的主要表现有:

1)衬砌剪切移位。特别是在断层破碎带上,隧道在地震时常发生衬砌剪切移位。

2)隧道坍塌。紧邻边坡的隧道洞口部分,地震时边坡垮塌可能造成隧道破坏,图6-10所示。

3)隧道衬砌开裂。地震最容易导致隧道衬砌开裂,开裂形式有纵向、横向、斜向、环向、底板开裂等。

4)隧道边墙变形。地震导致隧道边墙向内变形,边墙变形容易造成衬砌大量开裂,甚至倒塌,如图6-11所示。

图 6 - 10　隧道受损

图 6 - 11　隧道衬砌开裂

震后应当对隧道进行安全检查，结果的评估标准见表6-2。

表6-2 震后隧道检查结果的评估

安全等级	评估分类	损害程度	损害状况	交通措施
无危险	S	无异常	肉眼观察无异常	正常通行
		轻微异常	有轻微衬砌裂纹	正常通行
危险	B	异常	衬砌剥落、开裂	管制通行
	A	异常显著	边坡滑塌、塌方	禁止通行

根据评估后的结果，对隧道的相关部分进行修复。一般需要部分重新开挖、支护等。

地震发生时，有时还会在隧道内引发火灾。火灾也会对隧道结构产生不良影响。在隧道的处理过程中，可以采取以下措施：①隧道内受地震火灾影响破损一般的地段采用喷锚加固，严重地段将采用架设钢拱架、喷锚加固等综合措施处理；②可采取既有线恢复与改线并行的方式进行。既有线加固防护方案有利于迅速通车满足救灾物资运输的需求。既有线着受灾后，恢复方案只能是临时的，为了保证线路长久运营可进行改建；③隧道外加固塌方山体，隧道内清理损毁车体、挂网喷浆加固等多项工作立体交叉，全面推进。其处理方法体现了预支护原理的核心思想。

6.2.3 地震对桥梁的破坏

桥梁在地震中的破坏情况比较复杂，通常很难进行定量的安全评估。一般根据损伤程度，进行灌浆、加钢筋等措施。桥面破坏程度严重的桥梁，则需要重新修建。原有桥墩、桥台等设施，可通过超声等方法检查，若仍然完好，可以加以利用。

桥梁工程的破坏，常见的有：

（1）桥梁纵向、横向移位，局部开裂。

（2）桥梁支座上、下摆锚固螺栓被剪断或拔出，支座结构破坏，活动支座位移量超限，摇轴支座轴被破坏等（图6-12）。

（3）桥墩弯曲受压引起混凝土开裂与剥落，或沿水平施工缝剪切破坏。

（4）陡坡地段桥台随地基滑移。

桥梁上部结构常用的加固方法大致有：

增大构件截面加固法、粘贴加固法（图6-13）、体外预应力加面法、改变结构体系加固法、增加辅助构件加面法等，对于拱桥，还可以根据其受力特点采取一些专用加固方法，如顶推法。在实施过程中，应充分考虑桥梁实际状况、病害特点及改造需求，采用合理可靠的、技术可行的、经济简便的加固方案。

图 6 - 12 桥梁支座结构破坏

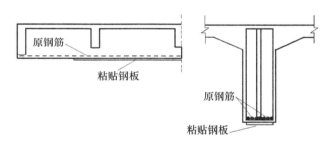

图 6 - 13 粘贴钢板加固法

对于桥面铺装及铰缝的破坏要进行维修补强，以加强横向联结，提高桥梁的整体承载能力。其具体做法如下：首先铣刨桥面铺装，凿除水泥混凝土铺装及铰缝的松散结构，然后在主梁的顶面钻孔，用环氧砂浆或其他粘结剂植入一定长度的竖向短钢筋网绑扎在一起，起到层间抗剪传力作用，使桥面铺装与主梁联为一体，铺装层有效参与主梁受力。沿铰缝边缘也植入短钢筋，并且交互搭接，以加强铰缝横向传力。水泥混凝土桥面铺装的厚度应该增大，如有标高方面的限制可考虑取消或减薄沥青铺装层。但如果仍设置沥青铺装，应保证其有一定的厚度，否则，过薄的沥青层在重车轮载下易破坏，影响行车平顺。加大水泥铺装层的厚度除了能够补强桥梁主梁的承载能力外，还可以增加桥梁的横向刚度，加强桥梁上荷载的横向分布，使重车道上的荷载能够更多地分配给其他主梁承担。为此，还应加强桥面铺装的横向布筋，加密、加粗桥面铺装钢筋网中横向的钢筋，以实现有效的横向传力。配筋设计应通过计算确定，在进行重载交通桥梁的加固设计时，要把实际调查得出的重车荷载用作验算荷载，对结构配筋等进行修正，以保证重载车辆通行情况下结构的安全。

对于跨中已经发生开裂、刚度降低的重车道下的主梁，如果裂缝较大，不能闭合，破坏严重，应更换新梁，如果裂缝分布均匀、细密，在除去桥面铺装二期恒载的情况下闭合较好，可用环氧砂浆对裂缝进行修补弥合，并在梁底贴炭纤维布，进行加固补强，提高刚度和承载力重新使用。修复后，应限制桥上通过车辆载重，车速也不宜过高，以减小车辆的冲击力和制动力。

结构内的损伤通常难以修补，例如，对桥梁内部钢筋进行防腐、阻锈处理没有必要而且并不可行。现在大部分修复方法都是外表加固。碳纤维增强塑料（CFRP，图6－14）加固修复混凝土结构较多，它具有高抗拉强度和高弹性模量，用于桥梁抗弯加固，能达到与粘贴钢板同样的加固效果。碳纤维布重量很轻，厚度不到1mm，与钢板相比外表轻巧美观，且不影响桥下通航净空高度。施工时不需大型设备，操作方便，尤其是在通航的河道中，能够充分显示其优越性。同时，碳纤维布及配套树脂具有耐酸、碱、盐和大气环境腐蚀等性能，不会像钢板材料会锈蚀，具有良好的耐久性。

图6－14　碳纤维增强塑料

6.3　水坝及其附属构筑物

6.3.1　汶川大地震对水库造成的损害概述

5·12汶川大地震造成了很大的灾害，大量的水库不同程度受损，其中部分水库出现高危和溃坝险情。截至2008年6月12日，全省水库中有1996座发生震损，其中有379座水库出现高危或溃坝险情，震损水库约占全省水库总数的30%，分布在17个市

96 县。其中大型水库 4 座，中型水库 60 座，小（一）型水库 331 座，小（二）型水库 1601 座。震损水库影响全省 60 多个县级以上的城市、1630 多个乡镇，1686.5 万多人口，500 余万亩耕地，造成直接经济损失 56.35 亿元。震损水库的安全不仅对灾区人民的生命财产造成极大威胁，也直接影响到灾区的经济建设和社会的稳定与发展。在 1996 座震损水库中，其主要震害以大坝裂缝（图 6-15）、水库渗漏、坝坡滑塌为主，其中有裂缝的大坝 1425 座、发生塌陷的大坝 687 座、滑坡 354 座、发生渗漏的大坝 428 座、起闭设施损坏的 161 座、其他放水设施、溢洪道、管理房等不同程度震损的有 422 座。其中，50% 以上的水库同时出现多种险情。

图 6-15　坝体险情

当地震发生时，由于地震波引起坝体在水平和垂直两个方向剧烈震荡运动，再加上坝体边坡偏陡，坝身受拉应力作用部位便会产生裂缝。沿土坝轴线方向刚度大而上下游方向刚度小，主要产生纵缝；若坝身和坝基发生不均匀沉陷，也会引起裂缝，沿坝轴线方向容易有不均匀沉陷，所以大多产生横缝，特别是两岸坝肩由于土坝与山体连接部位刚度差异大而产生不均匀沉陷。

6.3.2　坝体裂缝的检查和处理

地震发生后，应检查、判断水坝裂缝的性质，分析裂缝可能给坝体带来的危害。主要的方法是，用石灰水灌缝，饱和后，骑缝挖探坑；量测缝的长度、宽度、深度以及裂缝发展趋势；检查裂缝是否有错台，相应上、下游坝坡部分是否有隆起或鼓包现象。

裂缝的处理方法有以下两种。

1. 开挖回填法

开挖回填法是裂缝处理比较彻底的一种方法，适用于深度不大的表层裂缝及防渗部位的裂缝。

（1）纵向裂缝处理。由于不均匀沉陷产生的纵向裂缝，如宽度和深度较小，对坝身安全无较大威胁，可只封闭缝口，防止雨水渗入；或先封闭缝口，待沉陷趋于稳定后再进行处理。如纵向裂缝宽度和深度较大，则应开挖回填处理。回填时，应注意采用相同土料回填，分层夯实，在表层覆盖防水塑料膜或土工膜再填筑砂性土保护层。

（2）横向裂缝的处理。横向裂缝因产生顺缝漏水，可能导致坝体穿孔，故对大小横缝均要开挖回填，彻底处理。开挖时顺缝开槽。如裂缝较深，沟槽可开挖为阶梯形。对于贯穿性横缝，开槽时还应开挖与裂缝呈十字相交的结合槽，使沟槽呈梯形断面后再行回填。

2. 灌浆法

对于会导致滑坡的裂缝，雨水或渗透水浸入会使土体软化，降低抗滑稳定物理力学参数，因此应给予高度重视。处理时，会先将裂缝挖开，清除受影响的松散和软化土体，再用原筑坝土料或同类土分层回填夯实。如裂缝深度过大，全部开挖回填工程量太大时，也可采用开挖回填与灌浆相结合的方法，即先开挖回填裂缝上部，并用回填黏土形成阻浆盖，然后以黏土浆液灌浆处理。对于纵缝灌浆，应注意控制灌浆压力，防止因灌浆压力过大而产生滑坡。

6.3.3 渗漏处理

土坝渗漏按其部位分为坝身渗漏、坝基渗漏、绕坝渗漏三种。汶川地震中，出现渗漏占震害险情的 34.4%，大部分渗漏是坝体渗漏和绕坝渗漏，坝基渗漏占少数。土坝渗漏的处理原则是"上截下排"。上截就是在坝体上游封堵渗漏入口，截断渗漏途径，防止水流渗入；下排是在坝下游采用导渗和滤水措施，使渗水在不带走土颗粒的前提下迅速安全排出，以达到渗透稳定。可根据渗漏造成的原因和具体条件决定采用上截还是下排措施，或是两者结合使用。

（1）坝身渗漏处理方法有斜墙法、灌浆法、防渗墙法、导渗沟法等。

（2）坝基渗漏处理方法有黏土截水槽、混凝土防渗墙、帷幕灌浆等。

（3）绕坝渗漏处理方法有截水墙、防渗斜墙、黏土铺盖、衬砌、帷幕灌浆等。

以上处理方法，都应按照其规定的施工工艺进行。

6.3.4　滑坡处理

坝坡滑塌约占震害险情的 12.4%。主要原因是，由于边坡偏陡、坝顶宽度偏窄、护坡垫层料选择不合适、施工质量差、不均匀沉陷等，在地震惯性力的作用下，导致坝坡滑塌现象。其处理方法和措施包括以下几个方面。

（1）控制水库水位。上游坡面有滑坡迹象时，应控制水库放水速度，防止水位骤降导致滑坡。若下游坡面有滑坡迹象时，则应适当放水降低库水位，使浸润线下降，减小渗透压，防止滑坡进一步发展。

（2）降低坝高，增设防浪墙。根据坝顶高程复核情况，若情况允许，可设置防浪墙以降低坝顶高程，从而增加坝顶宽度和减少上部荷载。

（3）放缓坝坡。当滑坡是因边坡过陡所引起时，则应放缓坝坡。将滑动土体全部或下部被挤出隆起部分挖除，或适当加大未滑动面的坝体断面。放缓后的坝坡，必须建好坝趾排水设施。

（4）压重固脚。若滑坡体底部滑出坝趾以外，则需要在滑坡段下部采取压重固脚的措施，以增加抗滑力。常用的有镇压台和压坡体两种形式。压重固脚的材料最好用砂石料。在砂石料缺乏的地区，也可用土工织物，代替反滤，以达到排水的要求。

（5）开沟导渗、滤水还坡。对因排水体失效，浸润线抬高，以致坝坡土体饱和而引起的滑坡，可采用开沟导渗、滤水还坡的办法处理。先将滑体挖除，再从开始脱坡的顶点到坝脚开挖导渗沟，沟中埋入砂石等导渗料，然后将陡坎以上土体削成斜坡，换填砂石土壤，其余部分仍还原土并层层夯实，恢复后的坝坡不陡于原坡面。必要时，再在坝脚加做堆石固脚。

（6）加筋土。对于边坡偏陡土坝，也可考虑采用加筋土的方法进行处理，即将滑动松动的边坡开挖清除，然后在坝体内一定高度加入土工织物条，回填与原土相近的土，并碾压夯实。

水坝附属物，如溢洪道、闸门、涵洞、附属用房等，因为其总体结构刚度在截面上发生了变化，地震时候一般也会出现变形、裂纹等灾情，需要根据情况采取针对性措施。因为情况差别很大，采取措施可参考隧洞、房屋的处理方法，这里不再赘述。

6.4　文物及古建筑

6.4.1　地震对名胜风景区造成的破坏

在汶川地震灾害范围内，风景名胜区及世界遗产（简称"风景区"，下同）共有 95 处。据初步统计，受灾风景区 64 处，占灾区范围内风景区总数的 67.4%。其中，纳入国家灾后重建重点范围内的极度受灾风景区 7 处、重度受灾风景区 15 处、中度受灾风景区 9 处、轻度受灾风景区 9 处；一般范围内的中度受灾风景区 1 处、轻度受灾风景区 23 处。龙门山、青城山—都江堰、四川大熊猫栖息地、鸡冠山—九龙沟、九鼎山—文镇沟大峡谷、蓥华山、窦团山—佛爷洞为 7 处极度受灾风景区，其核心风景资源、生态环境、游览条件、各类设施等均遭受极重破坏，恢复重建十分困难。在灾后重建重点范围内统计的 37 个风景区中，受损害各类游赏与服务设施约 80 余万 m^2，灾损金额约 6.5 亿元；受到不同程度损坏的农村居民点建筑设施有 28000 户（间）100 万 m^2，灾损金额约 3.8 亿元；基础工程设施受到较重损害的风景区有 26 个，占统计风景区总数的 70%。据不完全统计，共损毁供水管网约 200km，电力电信设施约 300km，环卫设施 130 余处，灾损金额约 13.6 亿元；共损毁游览道路 1900km，桥梁 150 座，灾损金额约 34.9 亿元。

例如，青城山—都江堰国家级风景区，其国家重点文物保护单位、核心人文风景资源二王庙古建筑群大部分在地震中损毁，如图 6 - 16 所示。其他重要的人文风景建筑如伏龙观、建福宫、天师洞、上清宫等古建筑群也严重受损。青城山后山的泰安古镇也损失惨重，绝大多数建筑已不能使用，如图 6 - 17 所示，严重制约了青城山后山景区的恢复与开放运营。

在龙门山国家级风景区，地震造成的大规模山体崩塌，使整个银厂沟景点几乎彻底被毁，丧失了风景游览的条件，银厂沟景点内 88 家农家乐倒塌了 86 家，龙门山镇全

图 6 - 16　二王庙建筑群破坏

图 6 - 17　震后的泰安古镇变成一片废墟

镇共有 882 家客栈，几乎都在这次地震中毁坏，大约 70% 的房屋倒塌。

四姑娘山国家级风景区内，发生的山岩崩塌、泥石流、地裂缝以及雪崩等地质灾害达 79 处（图 6 - 18）。其中，四姑娘山主峰发生的雪崩不仅使其核心景观遭破坏，还造成大面积的森林植被损毁，给森林景观和生态环境都带来了严重破坏。四姑娘山的主要对外通道四姑娘—卧龙—映秀—都江堰—成都山路段损毁严重，特别是映秀至卧龙段路旁山体大面积坍塌、滑坡、路基被毁，河流改道，在短时间内难以恢复。

图 6 - 18　四姑娘山风景区地震遗迹

6.4.2 地震对景区内古建筑的影响

在我国，大部分的古建筑都是木构建筑，用材的制约，使得我们在古建筑修复过程中应当努力寻求一种新与旧的和谐统一，既能看出修缮过程中的时代痕迹，又要努力恢复原有的风貌。"修旧如旧"和"延年益寿"是中国建筑学的奠基人、著名建筑学家梁思成先生对古建筑的修复工作定下的两大原则。对古建筑的修复应当是使其"延年益寿"、"修旧如旧"，即"不改变文物原状"，保持古建筑的原有风貌。

这次地震中，文物和古建筑都遭到一定程度的破坏。特别是都江堰地区，文物和古建筑遭破坏情况非常严重：二王庙中的大量建筑发生塌掉，但主殿和另外几座建筑还在。由于二王庙等古建筑的建造图纸尚在，要进行修复并不是非常困难，难的是古建筑的基础加固。二王庙所处地势边坡陡峭，山体又比较松散，古建筑损毁的主要原因是地震滑坡引起的挡土墙倒塌，导致上部建筑的破坏，某些建筑甚至彻底破坏。

因此，修复二王庙古建筑群的最大问题是要解决它的基础稳定问题。如果有产生滑坡的可能，必须先对山体进行加固、治理滑坡，才能保证其上的建筑安全。由于不少古建筑的基础有明显的破坏，可以见到有很宽的裂缝，对这些基础要做进一步处理，才能继续进行建筑的加固和修复。

古建筑的修复工程不同于一般的改建工程，修复工作应使古建筑在现代社会中既能保留建筑固有的历史风貌，重新焕发光彩，又要满足国家关于文物保护建筑有关法律、法规，保证修复后的安全使用。

6.4.3 古建筑修复与保护过程中应注意的问题

（1）对建筑的结构进行维修加固。基本原理和房屋的加固系统，采用方法也比较类似，这里不再赘述。另外，对古建筑的修复还要注意以下两个方面的问题。①注意用材、用色、装饰造型等细节上的控制。修缮古建筑应该和修补古画一样，用纸、用笔和用色都有讲究，方能做到与原画浑然一体、毫无修补的痕迹，即"修旧如旧"。在古建筑修复与保护过程中，要使其达到没有修补的痕迹，应在材料颜色、材料规格、装饰纹样等方面严格控制；②材料的规格应符合要求方能施工，如石、砖、木材的规格、造型等。建筑装饰部件、建筑结构以及建筑材料的色彩等都应与建筑整体色彩和周围环境风格协调、统一。

（2）保护古建筑周边环境。在古建筑修建之初，设计者对建筑的规模、平面布局以及空间机能等都有着全方位的考虑，建筑内部空间、外部空间以及建筑与外部环境之间的空间关系都有着密不可分的联系。如古建筑在空间布局上一般讲究风水，使它与周围环境和谐相处。现在随着社会经济发展，很多地方忽视了对古建筑周围环境的保护。例如，古建筑周围陆续地增加高层现代建筑，使得古建筑处于密不透风的"混凝土森林"中密不透风；由于旅游业的发展与城市规划的推进，古建筑原有的交通空间被切割、蚕食，这些不良行为都在严重地破坏古建筑与周边环境的空间关系。为更好地保护古代文物建筑，不能因为土地的缺乏去破坏古建筑与周边环境的关系。

此外，古建筑在修复时，也应注意采取防火、防雷、防洪水、防虫蛀等措施。在这些方面，既不能套用现代建筑的模式，又必须以传统技法和材料加以恢复。同时，对修缮工作进行记录和总结，使下次维修工作能有据可查。

参 考 文 献

［1］胡传舫. 多层砌体房屋在"5·12 汶川 8.0 级特大地震"中的震损评定及处理. 中外建筑，2009，(6)：223 - 224.

［2］宋玮，董军，王琪，等. 绵竹市典型震损底框房屋钢结构快速加固关键问题. 南京工业大学学报（自然科学版），2009，31（1）：66 - 70.

［3］王景，刘定涛，刘怀军，等. 震区受损道路的快速修复方法研究. 交通科技，2009，2（总 233 期）：54 - 56.

［4］黄龙生，刘广信. 道路交通系统的震害预测. 自然灾害学报，1996，5（1）：88 - 97.

［5］贺志勇，兰衍亮，戴少平. 震后公路隧道工作状态诊断评估技术. 中外公路，2009，29（1）：171 - 173.

［6］刘志明. 四川震损水库的特点及震害处理. 中国水利，2008，14：9 - 12.

第7章 强震后防疫及疾病控制

7.1 强震后防疫工作的一般原则

强震后容易导致烈性传染病暴发。传染病暴发流行的危险因素主要有五个方面：①居住环境遭受严重破坏，正常的生活秩序被打乱；②饮用水源污染严重。地震使供水设施遭受破坏，集中式供水中断，残存的水源极易遭到污染，易引发肠道传染病；③虫媒生物孳生加快，灾区正值夏季，蚊蝇孳生繁衍很快，极易传播疟疾、流行性乙型脑炎、黑热病等传染病；④食物腐败变质，灾民卫生状况、生活条件差，易食用霉变和腐败的食物，导致食物中毒以及食源性肠道传染病流行；⑤救援人员抗病能力下降。大批救援人员超负荷劳动、体力透支，机体抵抗疾病能力明显下降。

地震发生后，预防和控制传染病暴发流行的工作尤为重要。早期卫生防疫的介入、采取有针对性的策略和措施，可大大避免传染病的暴发及扩散。

7.1.1 强震后防疫系统组织模式

由于强震后当地防疫体系会遭到破坏、外部防疫力量会大量补充。因此，紧紧依靠当地政府，充分发动人民群众，整合各级支援力量，发挥专家指导作用，精心组织、科学调度，形成高效灵活、完整顺畅的组织指挥模式尤为重要。

各级卫生防疫力量应在救灾联合指挥部的具体领导下，统一领导、统一组织、统一指挥，部署工作任务、明确任务区分。

（1）加强组织协调。

明确工作牵头机构，加强与政府、职能部门和地方支援力量之间的协调配合，共同把握工作大局；实行分片包干、责任到人，具体抓好落实；加强联系沟通，及时申请物资器材，保证工作顺利开展。

（2）科学指挥调度。

积极恢复县、乡、村三级卫生防疫网络，派出防疫专业技术力量分片包干，开展基层人员培训工作；并利用各种通信方式建立疫情报告渠道，开展灾区主要传染病的症状监测；把工作重心放在人口集中的城区，强化卫生管理。

（3）发挥专家作用。

充分发挥防疫专家的指导作用，对卫生防疫工作进行"专家会诊"，完善指挥协调机制，由传染病学专家对临时传染病房的布局配置、消毒措施及临床治疗等进行全面指导。

7.1.2　地震后常见传染性疾病的防治原则

地震灾害后，应重点预防的常见传染性疾病种类有 5 类：肠道传染病、呼吸道传染病、自然疫源性疾病和人畜共患病、虫媒传染病、经皮肤破损引起的传染病。

重点防疫区域：受灾群众集中安置点、部分群众在灾区的留居地、救援人员的居住点及位于现场的临时医疗点。发现疑似病例，要及时向当地疾病预防控制部门报告。

应遵循早发现、早报告、早隔离、早治疗的原则，根据疾病的传播途径实施隔离。当感染暴发时，首先按感染疾病分类收治；病原微生物有扩散迹象时可实行分组护理（已感染、疑似感染、未感染）；不能有效控制感染扩散时应停止收容，立即报告，请求技术支援。

针对灾区疫情迅速开展卫生防疫防病工作，应落实好以下应对措施：

（1）建立灾后疾病应急报告监督与监测系统；

（2）加强灾区食品、饮用水卫生的监督监测；

（3）地区疫情的综合评估，适时启动疫苗应急接种；

（4）尽早开展消、杀、灭（集中安置点、垃圾、厕所、遗体及水源消毒）；

（5）大力开展健康教育（防病宣传画、知识传单）。

认真消除卫生安全隐患，是确保大灾之后无大疫的重要措施。由于救援队和防疫队对灾区的技术支持的时限性和局限性，使得发动当地群众、加强防疫知识宣传教育尤为必要。

医务人员由于工作原因会经常接触疑似传染源，加之救灾工作强度大易导致肌体抵抗能力下降，属于传染高危人群。其中生物危害因素是影响医务人员职业安全的主要危险因素。应做好以下防护措施：

（1）免疫预防。主动免疫——疫苗接种是预防传染病最有效的方法。伤后可采取被动免疫—抗毒血清、免疫球蛋白预防。

（2）坚持标准预防。正确使用防护物品做好个人防护；洗手和手消毒；创建消毒隔离条件，提供必要设施，保障自身安全；预防医疗锐器损伤。

（3）职业暴露应急处理措施。对暴露于完整的皮肤、黏膜及损伤的皮肤伤口时，及时正确的局部处理；对发生损伤性职业暴露时，应留取患者的血液标本检验，掌握其是否患有经血传播疾病。并进行相应的全身防疫。

7.2　震后易发肠道传染病及其监控与防疫

肠道传染病是一组经消化道传播的疾病。肠道传染病是指病原微生物经口进入人体消化道后引起的以腹泻为主等一系列人体病变的传染病。

常见的肠道传染病主要有伤寒、副伤寒、细菌性痢疾、霍乱、甲型肝炎、细菌性食物中毒等。肠道传染病病人的病原体从病人和病原携带者的粪便、呕吐物中排出，污染了周围环境，再通过水、食物、手、苍蝇、蟑螂等媒介经口腔进入胃肠道，在人体内繁殖、产生毒素引起发病，并继续排出病原体再传染给其他健康人。

在震后灾区，由于水源破坏、人畜尸体不能及时有效清理、药品不足等原因往往容易导致肠道传染病的流行。

7.2.1　细菌性痢疾

细菌性痢疾简称菌痢，因感染痢疾杆菌引起，最常见的痢疾杆菌是志贺氏菌属内的志贺痢疾杆菌，由志贺氏菌引起的菌痢症状最为严重。此病以结肠溃疡性化脓性炎症为主要病变。

菌痢主要是通过带菌者的手传播扩散。经污染水或食物引起的菌痢多发于夏季。细菌性痢疾流行范围广，传播快，发病率高。发病多见于青少年及小童。病后仅有短暂和不稳定的免疫力，人类对菌痢普遍易感，引起该病爆发流行，特别是一旦水源受污染，更容易发生流行。菌痢根据病程可分为急性及慢性两期。

主要临床表现为腹泻、左下腹痛、里急后重、脓血样大便，发热。

主要防控措施，为了预防痢疾，应做到以下几点：搞好环境卫生，加强厕所及粪便管理，消灭苍蝇孳生地，发动群众消灭苍蝇。加强饮食卫生及水源管理，尤其对个体及饮食摊贩做好卫生监督检查工作。加强卫生教育，做到饭前便后洗手，不饮生水，不吃变质和腐烂食物，不吃被苍蝇沾过的食物。不要暴饮暴食，以免胃肠道抵抗力降低。

一般治疗措施：应遵医嘱进行抗菌药物治疗。对重症患者，补液或维持体内水电平衡较抗菌药物治疗更为重要。尤其出现脱水症状时应及时口服补液，对于脱水明显者给予静脉补液。

7.2.2　甲型肝炎

甲型肝炎病毒是一种没有外壳的、单链的核糖核酸病毒，它属于微小核糖核酸病毒科肝病毒属。它是在世界上造成急性肝炎的最重要的病原体。病毒抗高温、酸碱的能力非常高。它一般通过接触的途径传染。

甲型肝炎的潜伏期是 15 ~ 50 天。急性甲型肝炎可以维持数周以至数月。与其他病毒性肝炎相比甲型肝炎比较缓和，尤其儿童的病状一般比较轻。甲型肝炎从不转化为慢性，因此不会导致肝脏长期被破坏。甲型肝炎最容易感染的时候是病状爆发后 1～2 周时。但是在病好一周后病人依然可能感染其他人。

潜伏期后病人会恶心、呕吐、腹痛、发烧、腹泻、精神萎靡，一般甲型肝炎没有黄疸，少数有严重黄疸，尿颜色深，有可能发生胆汁堵塞。

甲型肝炎患者早期宜卧床休息，对不能进食者予以静脉补液，供给足够热量，注意水电平衡。出现黄疸或转氨酶升高者，可予以清热解毒剂。

7.2.3　其他感染性腹泻病

感染性腹泻广义系指各种病原体肠道感染引起之腹泻，这里仅指除霍乱、细菌性和阿米巴性痢疾以外的感染性腹泻，可由病毒、细菌、真菌、原虫等多种病原体引起，其流行面广，发病率高，是危害灾区人民身体健康的重要疾病。

一般夏秋季多发，有不洁饮食（水）和/或与腹泻病人、腹泻动物、带菌动物接触史，或有去不发达地区旅游史。如为食物源性则常为集体发病及有共进可疑食物史。某些沙门氏菌（如鼠伤寒沙门氏菌等）、肠致病性大肠杆菌（EPEC）、轮状病毒和柯萨奇病毒等感染可在受灾群众安置点引发暴发或流行。

主要表现为：腹泻，大便每日多于 3 次，粪便的性状异常，可为稀便、水样便，亦可为黏液便、脓血便，可伴有恶心、呕吐、食欲不振、发热及全身不适等。病情严重者，因大量丢失水分引起脱水、电解质紊乱甚至休克。镜检可有多量红、白细胞，也可仅有少量或无细胞。粪便病原学检查可检出霍乱、痢疾、伤寒、副伤寒以外的致病微生物，如肠致泻性大肠杆菌、沙门氏菌、轮状病毒或蓝氏贾第鞭毛虫等。

预防措施包括健康教育、灾区不宜人畜共舍、加强饮用水及饮食卫生。流行期措施：在发生轮状病毒性肠炎、成人轮状病毒性肠炎、鼠伤寒沙门氏菌肠炎等肠道传染病流行时，要及时隔离治疗病人，对污染的环境物品等进行消毒。

7.3　震后易发呼吸道传染病及其监控与防疫

呼吸道传染病是指病原体从人体的鼻腔、咽喉、气管和支气管等呼吸道感染侵入而引起的有传染性的疾病。常见的呼吸道传染病包括流行性感冒、麻疹、水痘、风疹、流脑、流行性腮腺炎、肺结核等。常见的呼吸道传染病病原体包括病毒、细菌、支原体和衣原体等。

由于震后灾民安置点普遍比较集中、人员密度大。容易诱发呼吸道传染病。

对呼吸道传染病的预防措施包括：经常开窗通风，保持室内空气新鲜；保持室内和周围环境清洁；养成良好的卫生习惯，不随地吐痰，勤洗手；根据天气变化适时增减衣服，避免着凉；如果有发热、咳嗽等症状，应及时到医院检查治疗。当发生传染病时，应主动与健康人隔离，尽量不要去公共场所，防止传染他人。

7.3.1 流行性感冒

流行性感冒是由流行性感冒病毒引起的急性呼吸道感染。流感病毒一般通过空气中的飞沫、人与人之间的接触或与被污染物品的接触传播，是一种传染病。它是由黏液病毒科的 RNA 病毒导致的。流感每年在温带的秋冬季节大量流行，与病毒有关的严重并发症导致了在危重患者中有较高的死亡率。

主要表现为：起病急，高热乏力，全身酸痛和疼痛，头痛突出，全身中毒症状重。根据感染病毒的不同类型，呼吸道症状轻重不同，大多有喷嚏、鼻塞、流涕、咽痛、轻咳、少量白色的黏痰。血液常规检查：无并发症的流感，白细胞计数正常；血沉可增快，白细胞减少，淋巴细胞增多，有继发性感染时，血中白细胞增高。流行性感冒与普通感冒症状区别见表。

流行性感冒与普通感冒症状区别表

	流感（influenza）	伤风（cold，即普通感冒）
易发作期	每年 10 月至次年 3 月中旬，通常每 2~3 年流行一次	无季节性
发作期	突然	渐进
全身症状	全身症状重而呼吸道症状轻	全身症状无而局部症状重
发烧	常见，且温度高超过 38.3℃，维持 3~4 天	少见
咳嗽	有时会很严重	干咳
头痛	明显	少见
肌肉痛	严重（以背部和腿部最为明显）	轻微
疲劳感	表现强烈	微弱（可正常工作、学习和生活）
虚弱	维持 2~3 周	轻微
胸部不适感	常见	轻至中度
鼻塞	偶尔	常见
打喷嚏	偶尔	常见
喉咙痛	偶尔	常见
病程（不包括并发症）	1~2 周或更长	4~10 天

针对流行性感冒可采取的预防措施为免疫接种后，可获得暂时的对同样血清型病毒再感染的免疫力。流行性感冒是由病毒引起，因此服用抗生素是没有疗效的。可针对出现的不同症状遵医嘱采取对应药物治疗措施，如对于头痛、肌肉疼痛及发烧，一般止痛退烧药，如对乙酰氨基酚，具止痛退烧功效；对于流鼻水、打喷嚏，抗组织胺（antihistamines），可帮助收干分泌，减少鼻水；对于鼻塞：伪麻黄素（pseudoephedrine），可令血管收缩，改善病情。

7.3.2　流脑

流脑，即流行性脑脊髓膜炎，是脑膜炎奈瑟氏菌感染引起的急性传染性疾病。脑膜炎奈瑟氏菌有 13 种血清群，我国致病的血清群一直以 A 群为主。

它通过呼吸道传播，传染源主要是健康携带者。传染性较低，如仅有 3%～4% 的家庭会出现二代病例，而且大部分仅有 1 例二代病例。病菌对抗生素敏感，一般开始抗生素治疗 24 小时后，就不再有传染性。

脑膜炎是脑膜炎奈瑟氏菌感染最常见的临床表现形式，发病潜伏期为 2～10 天，平均 4 天左右。临床表现主要有急性发热、剧烈头痛、恶心、呕吐、颈强直、畏光、皮肤瘀斑等。婴幼儿发病最高、其次为学龄儿童及青少年，大规模接种疫苗的地区，成人发病较高。流脑的高发季节为冬春季节。

个体抵抗力下降，上呼吸道感染，吸烟，居住生活环境拥挤等是发病的危险因素。人群易感性增高、人口流动、低温、干燥、沙尘、居住拥挤等为流行的危险因素。由于山区强震后在临时安置点这些因素普遍存在，所以预防措施不可忽视。主要预防措施包括：

（1）养成良好的个人卫生习惯，如勤洗手、打喷嚏、咳嗽时使用手帕等，可以减少传播、感染的机会。

（2）改善居住、工作环境的拥挤状况，并经常通风换气，特别是人群聚居地区。

（3）接种疫苗。

（4）早期发现、早期治疗。出现临床表现后，即去医院就诊。早期发现、早期治疗可以减轻症状、防止死亡。

（5）保护接触者。出现病例后，对家庭成员、医护人员及其他密切接触者密切观察，一旦出现发病迹象（发热），即应进行治疗，以免延误。密切接触者要在医生指导下预防性服药。密切接触者主要包括同吃、同住人员。

7.3.3　水痘

水痘是一种由水痘－带状疱疹病毒引起的急性传染病，属于带状疱疹，一年四季可发病，尤以冬春季常见。学龄前儿童为好发年龄，主要通过飞沫传染，传染性很强。

患水痘的病者一般有发热，全身不舒服，与感冒发烧不同的是，这种发烧让人觉得热。1 天左右身上开始出现皮疹，为水痘最明显的症状。根据其情形的不同，疱疹分为四个阶段：丘疹、水疱、脓疱、结痂的脓疱。脓疱结痂的过程会觉得痒，但如果弄破了脓疱，容易造成皮肤的感染，会留下疤痕，这是水痘最常见到的并发症。疱疹典型的形状是椭圆形，在躯干上更以垂直于躯干的椭圆形为典型。退烧意味着病情开始好转，一般 1~2 周可治愈，此后终身免疫。

护理措施包括：患者要单独隔离，居室要通风，光线充足；发热时要多喝水；饮食给予易消化，富含维生素的流质或半流质；衣被不宜过厚过多且应保持患者双手的清洁，以免抓破水痘，引起感染。

7.4　震后易发自然疫源及虫媒传染病及其监控与防疫

自然疫源和虫媒传染病是法定传染病中的一类传染病。主要是指那些以动物（包括节肢动物）为传染源、可以不依靠人而独立存在于自然界中的传染病。自然疫源和虫媒传染病的病原体以野生脊椎动物为宿主，由于病原体只在特定的生物群落中循环，而特定的生物群落只在特定的地区出现，导致这类疾病具有典型的区域性。自然疫源性疾病中病原体的传播主要以节肢动物为媒介，媒介的数量变动、活动性等都随季节改变而改变，受温湿度影响很大，因而导致自然疫源性疾病在动物或人间的流行表现出明显的季节性。

此外，自然疫源性疾病受人类经济活动的影响比较显著。尤其山区强震后，原有生物群落常遭到破坏或改变，使病原体赖以生存、循环的宿主和媒介的生存环境发生改变。能够导致自然疫源性疾病的增强、减弱或消失，甚至引来从前本地并不存在的新自然疫源性疾病。

常见的此类疾病有疟疾、鼠疫、肾综合征出血热、流行性乙型脑炎、恙虫病、流行性斑疹伤寒、黑热病、莱姆病、布鲁菌病、类鼻疽、血吸虫病等危害性较强的传染病。

人类对自然疫源性疾病普遍易感，应该加强对自然疫源地的调查发现和疾病预报工作，而地震等灾害往往极大破坏了当地环境，造成蚊虫大量孳生，引起灾区群众免疫力下降等，因此极易造成自然疫源与虫媒病的爆发与流行，所以相应的监控与防治工作极为重要。

7.4.1　疟疾

疟疾是疟原虫经蚊传播的一种古老的、反复周期性发作的寄生虫病，是一种急性发热性疾病，潜伏期为 7 天或更长的时间。间日疟、三日疟、卵型疟的临床表现为间歇性寒战、高热、出汗和脾肿大、贫血等症状，体温可达 39～41℃。间日疟常有复发，三日疟和卵型疟的复发则少见。恶性疟起病缓急不定，热型不规则，头痛、呕吐、腹痛、腹泻、出汗不明显，脾肿大，贫血出现较早，如无危险的脑型发作，可于数周内自愈。严重者如不治疗可危及生命。

流行区居民或曾于疟疾传播季节在疟区住宿，或曾经患疟，或有输血史等，当出现原因不明的发热时，应考虑疟疾的可能。

对疟疾的有效预防与控制主要是要防止蚊虫叮咬，尤其是在黄昏与清晨之间。在受灾期间，要清扫卫生死角，疏通下水道，喷洒消毒杀虫药水，消除蚊虫孳生地，降低蚊虫密度，切断传播途径。同时应做好个人防护，避免被蚊虫叮咬，夜间露宿或夜间野外劳动时，暴露的皮肤最好涂抹防蚊油，也可使用驱避剂、蚊香、杀虫剂、蚊帐等。适时服用抗疟药物（药物预防）以抑制感染，并按规范方法对病人进行治疗。

7.4.2　流行性乙型脑炎

流行性乙型脑炎简称"乙脑"，是以脑实质炎症为主要病变的中枢神经系统急性传染病，也是灾后容易出现的一种病毒性脑炎。病原体为乙脑病毒，经蚊虫传播。传染源主要是家畜（猪、牛、羊、马）和家禽（鸭、鹅、鸡等），受感染的人或动物血液中的乙脑病毒，必须通过媒介昆虫叮咬才能传播。能传播本病的蚊种有库蚊、伊蚊和按蚊中的某些种类，其中三带喙库蚊是主要的传播媒介。猪为乙脑病毒的主要扩散宿主，病毒在猪、蚊、猪之间循环，带有这种病毒的蚊子再咬人就可能会得乙脑。大部分是隐形感染，只有少数人患脑炎。

乙脑症状临床上以发热、头痛、恶心、呕吐、嗜睡、颈抵抗、抽搐等中枢神经系统症状为特征。乙脑患者约 5%～20% 留有后遗症，主要是意识障碍、痴呆、失语及肢体瘫痪等。成人多因隐性感染获得了免疫。病后免疫主要为中和抗体，可维持 4 年或更久，再次得病者很少。

接种乙脑疫苗是目前最有效的预防方法，流行性乙型脑炎减毒活疫苗应在流行季节前 1 个月完成接种。免疫方案执行国家药典和产品说明书的规定。

灭蚊、防蚊是预防控制乙脑的重要措施。根据当地主要媒介蚊种的生活习性，因地制宜采取综合性灭蚊措施。

同时要管理好家畜，对猪圈、马厩附近的蚊虫孳生地要定期进行药物处理，对未经夏季的小猪猪圈应作为处理的重点。用乙脑减毒活疫苗对未经过夏天的幼猪实行人工免疫（5 月），可使 90% 的猪在接种后产生抗体，媒介蚊虫的带毒率明显降低，可有效控制乙脑病毒在自然界的传播，降低人群乙脑发病率。

对于病人，要早期隔离治疗。治疗尚无特效抗病毒药物，可试用三氮唑核苷、干扰素等。主要是对症，重点是处理好高热、抽搐和呼吸衰竭等危重症状。

7.4.3 鼠疫

鼠疫是由鼠疫杆菌引起的、危害人类最严重的一种烈性传染病。鼠疫的主要传播方式为"鼠—蚤—人"，即鼠蚤吸吮病鼠血液叮咬人，可将鼠疫杆菌注入人体。其次，蚤粪中含有的细菌及被人打死后蚤体逸出的细菌，也可通过被叮咬的创面或其他破损处进入人体。另外，剥食感染鼠疫的旱獭等啮齿类动物也是致人感染的常见原因。此外，病人的粪便、尿、分泌物污染了周围环境，与病人直接和间接接触，可使健康人传染上鼠疫。潜伏期平均为 3~5 天（最短的不足 1 天，最长的可超过 10 天）。

临床上主要为腺型鼠疫、肺型鼠疫以及由这两者继发形成的败血症型鼠疫。其全身症状表现明显，起病急骤，寒战、发热，体温可达 39℃ 以上，伴剧烈头痛和全身酸痛、烦燥不安、意识模糊、极度衰竭、血压下降，可出现皮肤及黏膜出血、鼻衄、咯血、呕血、便血、血尿等出血现象。

在受灾期间，仍要大力开展防鼠、灭鼠和杀虫、灭蚊为主的环境整治活动，降低蚊、虫、鼠等传播媒介的密度；要管好家禽家畜，猪、狗、鸡应圈养，不让其粪便污染环境及水源，猪、鸡粪发酵后再施用，死禽死畜要消毒后深埋；管好粪便厕所，禁止随地大小便，病人的粪尿要经石灰或漂白粉消毒后集中处理；临时居所和救灾帐篷要搭建在地势较高、干燥向阳的地带，在四周挖防鼠沟，要保持一定的坡度，以利于排水和保持地面干燥。床铺应距离地面 0.67m 以上，尽量不要睡地铺，减少人与鼠、蚊等媒介的接触机会；做好鼠疫疫苗、出血热疫苗和有关药物的储备，以便应急使用。

7.4.4 肾综合征出血热

肾综合征出血热，我国通常称为流行性出血热（简称"出血热"），是由病毒引起、以鼠为主要传染源、可通过多种途径传播的自然疫源性疾病。潜伏期一般为 1~2 周，以 2 周多见，可到 5~46 天。

该病具有三大特征，即发热、出血和肾损害。临床上以高热、低血压、出血、少尿及多尿等肾功能损害为特征。典型病例有 5 个过程：即先后出现发热期、低血压休克期、少尿期、多尿期和恢复期。

在震区，要在搞好卫生和防鼠的基础上，以药物毒杀为主，结合灭鼠进行灭螨，做好消毒和个人防护等工作。要注意食品卫生，食物及饮用水储存在有盖的容器中，要防止食物被鼠觅食或受鼠的排泄物污染；可能或已经受污染的容器在清洁消毒之前不能使用。同时做好个人防护，不直接用手接触鼠类及其排泄物，不在无防护的情况下捣动鼠窝。

参 考 文 献

［1］ Cao C. X. , Chang C. Y. , Xu M. , et a1. Epidemic risk analysis after the Wenchuan Earthquake using remote sensing. International Journal of Remote Sensing, 2010, 31 (13): 3631 – 3642.

［2］ 曹力, 王藩, 杨慧宁, 等. 浅谈地震灾区卫生防疫工作应急控制措施. 中国急救复苏与灾害医学杂志, 2008, 7: 396 – 398.

［3］ 陈莉, 温天莲, 彭惠. 流行性乙型脑炎. 中国实用乡村医生杂志, 2004, 7: 16 – 18.

［4］ 代娟, 张定梅, 陆家海. 地震后预防传染病流行的策略. 中山大学学报: 医学科学版, 2008, 5: 506 – 511.

［5］ 伏新顺. 流行性感冒. 家庭医学: 新健康, 2012, 4: 10 – 11.

［6］ 康来仪. 地震灾后疫情的防范. 微生物与感染, 2008, 3 (3): 132 – 133.

［7］ 李改芹, 张玉臣. 细菌性痢疾. 社区医学杂志, 2006: 9 – 10.

［8］ 李平. 唐山地震中的次生灾害. 中国减灾杂志, 2003, (2): 32 – 33.

［9］ 李仕一, 刘昌弟, 向定金, 等. 绵阳市地震灾区病媒生物控制与监测分析. 中国媒介生物学及控制杂志, 2010, 21 (2): 96 – 97.

［10］ 刘伦皓. 数据库报表在震后灾区传染病监测数据统计中应用. 预防医学情报杂志, 2009, 1: 14 – 16.

［11］ 毛忠强, 高东旗, 曹士堂. 肾综合征出血热的流行病学与临床特点. 华北国防医药, 2002, 14 (4): 247 – 249.

［12］ 戚中田. 地震灾后常见的病原体与疫病防控. 第二军医大学学报, 2008, 6: 590 – 593.

［13］ Rocha J. L. , andChristoplos I. Disasters mitigation and Preparedness on the Nicaraguan post – Mitch agenda. Disasters, 2001: 240 – 250.

［14］ 王鸣, 肖新才. 地震灾害的主要公共卫生问题与应急工作策略. 中华预防医学杂志, 2008, 42 (9): 624 – 623.

［15］ 魏承毓. 流行性脑脊髓膜炎. 预防医学文献信, 2004, 6: 764 – 768.

［16］ 曾光, 訾维廉, 于国伟, 等. 中国两次特大自然灾害后的公共卫生服务. 中华流行病学杂志, 2001, 22 (2): 87 – 89.

第8章　震后民众心理疏导及危机干预

　　地震次生灾害也包括受灾人群经受的巨大精神创伤和刺激，以及因此而引发的心理危机。地震及其次生灾害的突发性、威胁性、不确定性、紧迫性和震慑性，不仅破坏了人们正常的生活秩序和习惯的管理模式，而且使人产生环境的失控和不确定感，继而引发个体和群体的心理危机。如果能及时准确地对整个受灾群体和高危人群进行心理社会干预，就能够减轻灾后的不良心理应激反应，避免心理痛苦的长期性和复杂性，促进震后的心理适应和康复。

　　国际华人医学家、心理学家联合会理事长邓明昱通过对灾区居民点访谈的资料以及在灾区精神卫生病房查房的资料判断，四川地震灾区患有心理疾病的人数在 36 万至 60 万人左右。而按照国际一般统计数据推算，5·12 大地震后出现长期心理问题的可能有 1518 万人。由卫生部和甘肃省卫生厅 14 名心理专家组成的心理卫生救援队在舟曲县城两个灾民安置点以及舟曲县人民医院对 186 名灾民和伤员进行的抽样评估调查发现，约 80% 的受灾居民存在心理问题。

　　汶川地震后，我国心理危机干预工作得到了空前的重视。不仅立即发布了《灾后心理保健手册》，而且心理学专家及相关专业的志愿者也纷纷进入到重灾区进行心理防护工作，并取得了一定的成果。近年来，国内外学者已经认识到震后心理危机干预的必要性，阐明了心理危机的表现形式，探讨了心理危机干预的模式、措施和方法，并分析了其中存在的问题。然而，我国因为对灾后心理干预研究起步较晚，重视程度不够，民众对心理危机干预的认识还未得到全面普及，对地震造成的心理伤害还缺乏足够的重视。比如因为救护学生而牺牲的谭千秋老师，她在北大读书的女儿本已沉浸在悲痛之中，却还要面对媒体一次又一次关于其父亲的询问以及"此时的感想"。"敬礼娃娃"郎铮也因为太多的闪光灯聚集和"为什么要敬礼"的追问，以及不断地被提及被截去的左臂，而有了心理障碍；"可乐男孩"薛枭则需要对采访者一遍遍复述"80 小时埋在废墟中""脚下搁着冰冷尸体"的可怕情节；北川中学幸存的学生开始越来越害怕闪光灯，更害怕被问及"你当时是怎么想的"。有的赈灾演出中，那些刚刚从死亡线上逃出来的孩子们被要求朗诵"那一瞬间，我看到了什么"的赞扬诗篇。从孩子们再度惊恐的眼神里，人们是否察觉到"次生的灾难"呢？

　　2010 年 4 月 14 日的玉树地震后，各方迅速从各地赶往灾区展开救助活动。此次充分借鉴了汶川地震的救援经验，提前介入心理治疗和心理干预，其中多名救助者曾经赴四川从事灾后心理危机干预工作，具有丰富的经验。救助者们对需要进行心理介入的灾民开展了专项访谈、心理暗示、综合疏导等工作。曾有过汶川地震救援经历的谭忠林医师在日记中这样写着："感觉这次的心理干预相比汶川地震有几点不同：一是卫生部统一指挥安排人员，二是以对灾区本地心理救援人员培训为主，目的是为灾区留下一支不走的队伍，三是心理干预的培训和内容都统一。"这些都说明，我国在震后心理危机干预方面，正在逐步走向规范化、科学化、系统化。

　　2010 年 8 月的泥石流，让刚刚恢复平静的汶川县映秀镇再一次成为世人关注的焦点。崭新的震后安置小区，被泥石流淹没了一半。

　　5·12 的汶川大地震让人们心灵埋下深深的创伤，伤口还没有愈合，汶川泥石流再次袭击了曾经受伤的人民，让饱受重创的灾区人民心灵雪上加霜。"现在我不敢想未来，我只想平安地生活下去。"这是映秀镇大多数受灾群众目前的想法。很多曾经参加过汶川、玉树救援工作的心理专家，第一时间奔赴受灾前线，为灾民进行心理安抚。从汶川地震我国首次对受灾民众实施大规模心理救助，到舟曲特大山体滑坡泥石流灾害后，各级领导对灾民应激障碍预防和干预问题的高度重视、心理救援小组的快速行动，震后心理疏导及危机干预工作开始走向正轨。每一次的灾难都是对心理救援工作的考验，也是对心理干预研究和实施的促进，将帮助我国尽快规范和完善心理干预相关工作，帮助受灾人民走出心灵的地震区。

8.1　震后民众心理反应的表现形式

　　地震灾害给人的心理造成的损伤，其发生机理远比生理损伤更为复杂。它既可以因个人身体遭受的伤害而引起，由躯体伤害引伸到心理伤害；也可以因个人难以承受家毁人亡、亲朋离散的打击而造成心理上的创伤；还可能因个人对环境异常难以适应而出现心理活动失调。地震灾害给人们造成的心理伤害是无形的，影响是深刻的、极具破坏性的。

8.1.1　地震造成的心理应激反应

　　应激是机体在各种内外环境因素刺激下，出现的非特异性全身反应。应激反应指所有对生物系统导致损耗的非特异性生理、心理反应的总和。地震的发生具有突发性、难以预测性、危害严重性等特点，对于每个人来说都是一种应激，都会导致人产生不同程度的情绪、生理、认知、行为异常等应激反应。情绪反应表现为悲痛、愤怒、恐惧、忧郁、焦虑不安等变化；生理反应出现如疲乏、头痛、头晕、失眠、噩梦、心慌、气喘、肌肉抽搐等症状，严重的还可引起疾病，常见的有高血压、冠心病、心律失常、支气管哮喘病等；认知障碍表现有：感知异常、记忆力下降、精神不易集中、思考与理解困难、判断失误、对工作和生活失去兴趣等；并出现下意识动作、坐立不安、强迫、回避、举止僵硬、拒食或暴饮暴食、酗酒等异常行为；严重的甚至导致精神崩溃，出现自伤、自杀等行为异常。例如，有一个 12 岁的小女孩，她亲眼目睹老师、同学被砸死，当她跑回家发现弟弟和其他的亲人也死了时，开始变得漠然，没有什么反应了。还有一个女工，从瓦砾中爬出来后说的第一句话就是："我再也不回这个地方了"。

如果在地震灾难发生后出现继发的或后续的应激事件，如不间断的高强度余震、幸存者不能及时住在避难所中、后续物质和生活援助不能及时到位、紧急心理救援策略没有实施等，这些后续的应激源有可能加剧幸存者的心理病理，以至导致各种严重的精神病理症状。它们包括各种不同程度的抑郁、焦虑、自杀、急性应激障碍（ASD）和创伤后应激障碍（PTSD），许多受害者还会出现酒精和药物依赖以及人格障碍。

8.1.2　地震造成的心理应激障碍

突发的地震使大量的灾民经历了创伤性的应激状态，当心理结构被迅速瓦解时，人会出现急性应激障碍，包括恐惧、警觉、回避和易激惹等，生理方面表现为胃痛、腹泻、食欲下降、头晕、疲乏、失眠、易受惊吓、感觉呼吸困难或窒息、梗死感、肌肉紧张等，如果不及时对那些处于创伤性应激之中的幸存者进行有效的危机干预，那么这种突发性的创伤应激很有可能会转变成慢性的应激障碍。这种创伤后应激障碍，常常在地震发生后的数月或数年后发生，虽然在地震发生时无明显表现，但随着时间的推移，一旦被类似场景所刺激时，就会引发持续性的重现创伤体验，反复出现痛苦回忆、噩梦、幻想以及相应的生理反应，产生不同程度的恐惧、焦虑、愤怒、烦躁、消沉、自闭、绝望等。根据地震灾害造成心理危机的过程，将心理应激反应分为急性应激障碍、创伤性应激障碍、持久心因性反应三个阶段。

突发灾难事件中心理受灾人群大致分为五级，干预重点应从第一级人群开始，逐步扩展，一般性干预宣传教育要广泛覆盖到五级人群。第一级人群：为直接卷入灾难的人员，死难者家属及伤员。第二级人群：与第一级人群有密切联系的个人和家属，可能有严重的悲哀和内疚反应，需要缓解继发的应激反应；现场救援人员（武警消防官兵、120 救护人员、其他救护人员、志愿者），以及地震灾难幸存者。第三级人群：从事救援或搜寻的非现场工作人员（后援）、帮助进行灾难后重建或康复工作的人员或志愿者。第四级人群：受灾地区以外的社区成员，向受灾者提供物资与援助，对灾难的可能负有一定责任的组织。第五级人群：在临近灾难场景时心理失控的个体，易感性高，可能表现心理病态的征象。

1. 对幸存者造成的心理应激障碍

经历过生死浩劫后，余悸犹存是震灾幸存者普遍的反应。中科院 2009 年披露的一项针对汶川地震灾区居民心理援助的研究表明，1563 名 16 岁以上的灾后幸存者中，临床应激障碍症状的发生率超过 7 成。幸存者通常会经历这样几个阶段：首先他们会产生一种"不真实感"，不相信眼前发生的一切是真的，认为这只是一场噩梦；在意识到残酷的现实之后，人们会经历一段消沉期，对周围的一切都变得麻木不仁，这时的精神状态远没有恢复到可以正常生活的水平，一旦他们认识到这些悲剧是真实的，便会产生严重的心理问题如急性应激障碍，如果得不到及时、有效疏导，有可能造成长期的、甚至永久的心理创伤，逐步蔓延成创伤性应激障碍。

2. 对罹难者家属造成的心理应激障碍

当自己的亲人遇难时，遇难者的亲属经常会把责任归咎到自己身上，认为全是自己的过失，而产生内疚、自责心理，从而陷入无比悲痛中。不同程度地出现情绪、生理异常反应、认知障碍、异常行为，甚至出现精神崩溃、自伤、自杀的倾向。尤其是与遇难者关系越亲近的家属其症状越明显。有资料表明，灾害造成的强烈应激或长期应激状态会损害健康，甚至会造成组织损伤，引发疾病。有人对唐山大地震受难者亲属心身健康的远期影响（20 年）进行研究后发现，有一级亲属震亡的研究组患高血压、脑血管病的比例高于无一级亲属死亡的对照组。目前国内外关于灾害对罹难者家属造成的心理行为影响的研究报道相对较少，有待进一步开展。

3. 对救援人员造成的心理应激障碍

灾害发生后，医务人员、救援人员会立刻投入抢救工作中去，例如汶川地震中有数十万解放军武警官兵、公安干警、医务人员、青年志愿者等赶赴抗震救灾的第一线。他们与时间赛跑、同死神较量，抢救出一个又一个生命，与灾区人民一起擎起了抗震救灾的大旗。救援人员由于长时间身处灾区救援的第一线，时时经受着各种负性应激源的刺激，诸如掩埋在废墟中的尸体、经过长时间抢救又死亡的伤员、阴阳相隔的亲人别离等，再加上救援工作灾情急、任务重，多数救援人员在没有充分心理准备的情况下投入了救援工作，因此当目睹灾后的惨况，面对惨重的伤亡情况以及他们在灾难中所担任的角色，因伤害暴露的程度和范围的不同，他们也会产生一系列的心理应激，如恐惧、焦虑、无助、挫败感等。例如在沙兰灾难中，很多医生日后都有很重的心理反应。当时，几十个孩子需要抢救，只有 8 个医生，家长疯了一样抢医生。如果人手、设备够的话，可能一半的孩子都不会死，但医生无能为力，自责感会非常强。

4. 受灾地区以外的民众

一场地震灾害的发生，除了会给幸存者、遇难者家属、救援人员留下严重的心理创伤外，也会对全社会造成潜在的心理损伤，使得知事件信息的普通群众内心蒙上阴影，同时还会导致公众行为的变化。2008 年汶川地震过后，北京大学咨询中心的预约电话激增，其中不少大学生和普通群众都是在看了灾难图片或报道后产生了心理问题。北京大学心理咨询与研究中心主任方新大夫表示，经常在电视上看到，记者在灾害现场表情漠然地播报新闻，这说明，地震造成的心理阴影，不仅仅存在于灾民中。

8.1.3 地震造成心理危机的过程

心理危机是一种心理认知，当事人认为某一突发事件或境遇是个人的资源和应付机制所无法解决的困难。除非及时进行心理危机干预，否则会导致情感、认知和行为方面的功能失调。

心理学研究发现，地震灾害中人们的心理危机通常经历以下四个阶段。首先是冲击期或休克期，大多发生在危机事件发生后不久或当时，个体主要感到震惊、恐慌、不知所措，甚至出现意识模糊。其次是防御期或防御退缩期，由于灾害事件和情景超过了自己的应付能力，表现为想恢复心理上的平衡，控制焦虑和情绪紊乱，恢复受到损害的认识功能。但不知如何做，会使用否认、退缩和回避等手段进行合理化或不适当投射，对解决问题的应对效果造成负面影响。

人在遭遇突发事件或发生后不久，个体处于心理冲击期/休克期，不同的人心理反应是不一样的，心理素质较好者，也会感到紧张害怕，但大脑清醒，肌肉有力，反应敏捷，行动有力；心理素质不好者，如平素胆小怕事者，见灾难临头会目瞪口呆，不知所措，不知赶快逃离，最终遭致危险。2005 年江西地震发生前后，湖北省阳新、武穴、薪春三地学生在撤离时发生踩踏事件，共造成 103 人受伤，其中 7 人重伤。其中，据震中仅 70 公里的阳新县浮屠镇中学，有 47 名学生受伤（1 人重伤、1 人病危）。另外，薪春 5 所中学 28 名学生，武穴市 2 所中学 28 名学生，在疏散过程中挤压受伤。

处于防御期或防御退缩期的人，与有意识性的、主动地采取心理和行为策略的应对不同，它主要是潜意识的、不知不觉中被运用的心理保护机制。它对人的作用具有两重性。一种是积极的作用，能暂时减轻或消除内心的痛苦和不安，以适应现实，随情绪有缓解作用。另一种是消极的作用。因为现实存在的问题并没有真正解决，防御机制在性质上带有掩耳盗铃式的自我欺骗、逃避现实，有时甚至还会使现实问题更加复杂，使人陷入更大的挫折或冲突的情境之中。例如，一名叫强强（化名）的 7 岁小男孩，母亲在地震中去世了，他也在地震中断了一条腿，此后他便失去了往日的笑容，终日躺在那里不和任何人说话。当工作人员对其进行心理干预后，孩子的话开始增多，他说晚上常做噩梦，梦见大灰狼，但是他从不提他母亲。

再次是解决期或适应期，此时能够积极采取各种方法接受现实，并寻求各种资源努力设法解决问题，焦虑减轻，自信心增加，社会功能恢复。最后是危机后期或成长期，多数人经历了灾害危机后，在心理和行为上变得较为成熟，获得一定的积极应对技巧，但也有少数人消极应对而出现冲动行为、焦虑、抑郁、分离障碍、进食障碍、酒精依赖或药物依赖，甚至自伤、自杀等。

8.2 震后民众的心理疏导

心理疏导是心理治疗的一种方法。一般而言，狭义的心理疏导是指设在医疗机构中，由受过专门训练的心理治疗人员运用心理治疗技术，对有心理障碍的患者实施个别或集体的心理咨询与治疗。广义的心理疏导是指通过解释、说明、同情、支持和相互之间的理解，运用语言和非语言的沟通方式，来影响对方的心理状态，改善或改变心理问题人群的认知、信念、情感、态度和行为等，以达到降低或解除不良心理状态的目的行为。心理疏导是针对那些自身有意愿追求健康，却一时找不到正确思绪的人的工作。

8.2.1 震后民众心理疏导的作用

受地震灾害影响的群众心理波动十分剧烈，突如其来的地震灾害，不仅给灾区人民造成物质上的巨大损失，还使得灾民心理遭受巨大的心灵创伤。家园被毁之忧、丧失亲人之痛、震灾惨烈之状，盘踞在每个灾民心头。如不及时进行心理干预，有高达30%～40%的人会进入慢性状态，甚至终生与痛苦相伴。在灾难面前，需要心理医生的积极干预，及时地为受灾人群提供心理疏导，最大限度地帮助他们稳定情绪、化解悲伤、分担忧愁，预防或减轻灾后长久的心灵创伤，以及继发性伤害。

1. 降低受灾群众的恐惧心理

由于生命安全受到威胁和缺少必要的信息支持，受灾群众通常会产生恐惧心理。个体的心理恐惧会导致情绪失控和非理智行为的产生，灾区谣言的传播则会推动群体心理恐惧的发展。利用开展健康教育的各种途径和接触受灾群众的机会开展必要的现场心理疏导，可以尽快稳定受灾群众的心理，鼓励受灾群体相互支持，并为现场救灾人员提供心理帮助，减少严重心理问题的发生及其对救灾工作的影响，为灾后心理健康的尽快恢复打下基础，更有利于抗灾、减灾和灾后重建工作的顺利开展。

例如，在5·12汶川大地震的救援活动中，大量的心理医生，心理学、思想政治教育学专业的学者和学生，组成志愿者团队，奔赴灾区，对幸存者实施心理疏导与救助。这是我国大规模心理救援中的首次，有效地帮助受灾群众度过了地震后的最初心理调适期，使灾区群众获得了生理、心理上的安全感，缓解了由地震引发的强烈的恐惧、震惊或悲伤的情绪，对自己灾后的生活有所调整，并学习到应对危机有效的策略与健康的行为，增进了心理健康。

2. 消除受灾群众的孤独感

大规模的灾难（如强震）导致很多受灾群众孤单地滞留在生命安全受到威胁的境况下，他们与亲人失去了联系，与外界失去了接触，其社会支持系统遭到彻底的破坏。救援人员要利用与受灾群众直接接触的机会，向他们传达各级政府和社会各界对他们的关怀和支持，使他们感到自己不是唯一的受灾者，鼓励他们和所有受灾者一起克服和战胜困难。

3. 给受灾群众带来希望

心理学家认为，希望是人类所有情绪中最重要的一个。在灾区，人们常常会感到希望非常渺茫，因而产生严重的无助感和绝望情绪。对于这种情况，心理疏导可以引导受灾群众看到希望，坚定他们战胜威胁的信念，形成乐观的态度和发展对自己命运的控制感，以积极的心态等待进一步的救援。

8.2.2 震后民众心理疏导的对象

震后心理疏导对象包括：幸存者、大众、灾民或者是受灾的群体，还有救援者。卫生部心理应急专家组成员、湘雅二医院精神卫生研究所主治医生李卫晖博士认为，年轻人尤其是孩子是心理疏导的重点，要优先考虑对孤儿和伤员的心理治疗。

1. 对孩子的心理疏导

孩子对地震的创伤会更敏感，他们的发育还没有成熟，他们的心理比较脆弱，如果不给他们进行及时的干预，他们将来可能还会存在问题，所以我们对孩子要特别重视。孩子在不同的年龄有不同的表现，尤其是小孩子，他们会像大人那样表达，他可能会出现很多的和大人不太一样的状况。比如他们可能非常封闭自我，不说话了；或者有时候行为不正常，乱发脾气；或者虽然大了但是又出现了小时候的一些行为，如玩娃娃，吸手指或者开始尿床，称之为"退化"，这样的孩子要及时给予心理疏导。

除了孩子这个群体本身很脆弱以外，学校的伤亡也很重，还有因为父母死亡的孩子变成孤儿，各种各样的情绪也很多。另外大人恐惧、焦虑的情绪也会影响到孩子，所以在帮助孩子的时候应先帮助大人，告诉家长要注意什么，孩子出现某种行为表现时要怎么做。

2. 对教师的心理疏导

教师是心理疏导过程中一个容易被忽略的群体。在灾区，整个社会都比较集中地关注中小学生的安全以及校舍的重建问题，但是背负丧失亲人之痛、怀有对死难学生的负疚、工资收入不宽裕的教师，所存在的精神压力其实更大。调查问卷发现，有心理创伤的教师比例远高于学生。例如，2008年10月中旬，汉旺镇一位学校教导主任，因为精神出现异常而被送到精神病院。教育部中小学健康课题组在震后一年对2292名教师进行了心理调查，调查结果表明51.23%的教师存在心理问题。其中，32.18%的教师有轻度心理问题，16.56%的教师有中度心理问题，2.49%的教师患有心理疾病。

在调查问卷中，形容自己执业的主导心态时，使用诸如麻木、焦虑、郁闷、无可奈何等大量消极词语的，占有很大的比重。

3. 救援人员的心理疏导

"我们救了伤员，谁来救我们，也要照顾好自己。"在 5·12 汶川大地震救援中，看到医生们疲惫的面孔，心理专家赵国秋没想到，一开口十几位医生都哭了，包括当地医院的院长和副院长。医疗救援队到达灾区前，当地医生不但要照顾原本的住院病人，还要收治地震伤员，连续多天奋战，使他们心力交瘁。一位医生痛苦地回忆，地震发生时，自己也经历了死亡，但面对伤员要更加坚强；可是面对家人，他就突然觉得非常害怕，实在太痛苦了。他随后和赵国秋预约，第二天请专家进行心理干预。

赵国秋说，现在对灾区进行心理干预非常重要，不仅仅是对伤员，参与救援的消防、武警、医生等都需要进行心理疏导。"情绪低落、食欲不振、睡眠不好、过分警觉等等都是心理有问题的表现。心理疏导员进行疏导时，必须和对方充分交谈，引导他'闪回'最恐怖、最害怕的一幕，敞开心扉才能化解心中的痛苦。"他介绍了一个方法：找到病人的恐惧点，帮助病人寻找到一个安全岛，锁定一个最害怕的画面，慢慢引导到安全岛来，能有效缓解痛苦。汶川地震后成都军区空军特地派出 10 支医疗队，为担负抗震救灾任务的空军官兵，尤其是 90 后新战士作心理疏导，确保新战士有正常健康的心理。

8.2.3　震后民众心理疏导的方法

1. 用焦虑倾诉法消除心理创伤

美国心理学家的研究表明，患者在心理上受到极大创伤后，如果将自己的不幸埋藏在心里，对其心理伤害极大，并会发展成不同的生理疾病。为了有效地开展心理疏导，消除心理创伤，一种有效的方法就是鼓励受灾人员将自己的悲痛心情泄放出来。他们可以在安静的地方大声痛哭；可以将自己悲痛的感受告诉义务工作者或朋友；可以将自己想说的话倾诉出来。从心理角度而言，这是一个很重要的过程。我们的心理医生和义务工作者要想方设法和受灾人员进行沟通，让受灾者将痛苦和忧虑倾泄出来，从而消除自己的悲痛和焦虑的感受。

2. 帮助受灾者建立起重新生活的信心

地震后，受灾人员失去了亲人，失去了财产以及为之生存的所有东西。这种强烈的刺激和孤独感，会对他们重新生活的勇气产生很大的影响。在这种情况下，重新建立起受灾人员的自信心非常重要。心理学家或义务工作者应对受灾人员的具体情况加以分析，帮助他们列出自己的优势，当一个人感到自己的优势后，他就会对生活建立起新的自信心。例如，有一位受灾者经过分析发现他有以下优势：①我年纪还轻；②我身体很好；③我受过较好的教育；④我有一门技术；⑤我有不少朋友；⑥政府和社会在关心我，等等。每位受灾者都有他自己特有的优势，义务工作者应和受灾人员一起，帮助受灾人员认识到自己的这些优势，重新建立生活的信心。

3. 运用心理比较法消除心理创伤

受灾人员在列出自己的优势后，应该学着用自己的优势去和其他更不幸的受灾者相比较，获得心理上的平衡，消除创伤。如自己在受灾之后，政府、社会给予如此多的关爱和帮助；政府会一如既往地帮助我；我年纪还轻等等，而伊拉克的难民们，他们被战争打得家破人亡，也没有受到国际社会实质性的援助。他们每天在胆战心惊中生活，而我的情况和他们相比实在好太多了。用这种心理比较法会使受灾人员在心理上得到相对的平衡。别人都能在这么不幸的情况下继续生活，我又为什么不能呢？

4. 注意力控制法

告诫受灾人员不去想以前已经发生的事，避免回忆起和悲伤有关的情景。当负面的念头来时，立即转移自己的注意力，去想今后美好的未来，想有这么多人在关心着我，政府一直在为我们服务，去想一些高兴的事来替代悲伤的事。因为思维是由受灾人员自己控制的，所以这种方法通过练习，每个人都能做到。同时，时间是愈合心理创伤的良药，通过这种注意力控制法及心理暗示法，随着时间的推移，受灾人员就能知道自己如何来调节自己的心理状态，从而克服心理障碍，渡过难关。

5. 建立帮扶组织

可将受灾人员根据年龄段或根据家庭的不同，分成小组，建立义务帮助小组。每组派入一些心理疏导义务工作人员。这些人员应经常和受灾人员一起，帮助他们解决困难，同他们聊天，倾听他们的心理感受。帮助人员要运用心理暗示法，向受灾人员解释政府会从工作上、物质上帮助他们，并帮助他们构筑一幅美好未来的蓝图，使他们对今后新的生活报有信心。有时可以给对方一个拥抱，使受灾人员从心底感受到朋友的爱及社会对他们的关心，因为拥抱是非常有效的一种缓解心理创伤的手段，但这方面国人目前不太习惯。

6. 引导认识自我价值

美国心理学研究表明，当一个人做了利于他人的事情后，会给帮助的人留下快乐的感觉，使他感到存在的价值。因此，可以组织有体力、有能力的受灾人员去做一些力所能及、帮助他人的事情。通过这一过程，可以让受灾者意识到自己的人生价值，逐渐让他们恢复自信心，增强自己的价值观，从而淡化自己的痛苦。

7. 积极开展集体活动

组织受灾人员集体去从事某一项活动，而这项活动必需有多人合作才能完成。比如一起去帮助其他孩子搞活动，或一起去做义工等。通过这一过程，增进了受灾人员相互的了解和交流，使他们在整个活动中体会到别人的关爱和友谊，从中享受到生活的意义。

8. 及时树立灾民抗灾典型

通过各种宣传渠道，有的放矢地将一些受灾后能够化悲痛为力量，并还在为他人做贡献的典型受灾人员介绍给其他灾民，使他们能从心理上来进行比较。如受灾人员认为，别人的灾难比自己更大，别人还在为社会作贡献，我为什么不能？这种典型会对他们起到很重要的示范作用，从而树立起生活的信心。

如果在灾后很长一段时间里，当事人还无法恢复正常状态，那么建议求助于专业的心理危机干预机构进行心理干预。

8.3　震后民众的心理危机干预

危机干预（crisis interventions），最早起源与军队精神病临床领域。心理学家塞尔蒙首次提出了有战争所致的急性悲哀反应的应付问题。在社会精神卫生领域的危机干预研究首推林德曼，他发现经过干预的危机者较之未经过干预者缓解快、结局好。危机干预理论是在灾难幸存者处理过程中形成的，并且对许多重大灾难提供心理社会服务的过程中发展起来的，如 1989 年旧金山地震、1980 年美国东南部的飓风时间、1995 年神户地震等。

所谓心理危机干预是指，在混乱不安的时期，一种积极主动的影响心理社会运作的历程，以减少具有破坏性的生活压力时间所带来的直接冲击，并协助受到危机直接影响的人们，激活其明显的与潜伏的心理能力及社会支持资源，以便能适当地应对生活压力时间所造成的结果。心理危机干预工作者的主要目的有：立即或紧急的急性情绪与环境急救，以缓冲压力时间；在应对时期，通过立即的治疗性澄清与引导，增强个人应对与统合的能力。

8.3.1　震后心理危机干预的原则和对象

危机干预是指对处在心理危机状态下的个人和群体采取明确有效措施，使之最终战胜危机，重新适应生活。心理干预多用于那些自身没有意愿改变的，一味地沉迷于错误的心理状态的人。很多研究和实例证明，在发生灾难性突发事件时，心理干预可起到缓解痛苦、调节情绪、塑造社会认知、调整社会关系、整合人际系统、鼓舞士气、引导正确态度、矫正社会行为等作用。有效的危机干预是帮助人们获得生理心理上的安全感，缓解乃至稳定由危机引发的强烈的恐惧、震惊或悲伤的情绪，恢复心理的平衡状态，对自己近期的生活有所调整，并学习到应对危机有效的策略与健康的行为，能增进心理健康。震后早期的紧急心理救援可以使后续的应激尽可能减小到最低，从而在可控制因素上减轻幸存者急性和慢性心理病理应激反应程度，降低长期严重精神障碍的发生率。

1. 震后民众心理危机干预的原则

面对地震灾害，能否有效地处理心理危机，已经成为人类健康、社会和谐、精神文明、政治文明的新标志。对灾后人群及时进行心理危机干预，不仅体现了"以人为本"的社会文明理念，也体现了救援机制的进一步完善与成熟。当前，我国的灾难心理干预大多是在出现问题后被动参与的，而主动干预的较少，我们应吸取先进国家的经验，有针对性地尽快建立适合我国国情的震后心理卫生服务系统。震后民众心理危机干预需要遵循五个原则。

（1）系统性原则。对于震后民众的心理危机干预，要以促进社会稳定为前提，根据整体救灾工作部署，及时调整心理危机干预工作重点。

（2）持续性原则。心理危机干预活动一旦进行，应该采取措施确保干预活动得到完整的开展，避免再次创伤。

（3）针对性原则。实施分类干预，针对受助者当前的问题提供个体化帮助。严格保护受助者的个人隐私。

（4）科学性原则。以科学的态度对待心理危机干预，明确心理危机干预是医疗救援工作中的一部分，不是"万能钥匙"。

（5）专业性原则。应在精神卫生专业人员指导下进行心理救援。

2. 震后民众心理危机干预的对象

（1）重点对象是受灾人群

心理危机干预人群分为四级。干预重点应从第一级人群开始，逐步扩展。一般性宣传教育要覆盖到四级人群。

第一级人群：灾难亲历的幸存者，如死难者家属、伤员、幸存者。

第二级人群：灾难现场的目击者（包括救援者），如目击灾难发生的灾民、现场指挥、救护人员（消防、武警官兵、医疗救护人员、其他救护人员）。

第三级人群：与第一级、第二级人群有关的人，如幸存者和目击者的亲人等。

第四级人群：后方救援人员、灾难发生后在灾区开展服务的人员或志愿者。

不同的群体在震灾中所承受的心理创伤是不同的。针对不同的群体有措施的开展心理危机干预，并配合药物治疗，可减轻灾后的不良心理应激反应，促进灾后的心理康复和社会适应。例如，作为幸存者或目击者，灾区教师属于干预重点。如果教师的心理压力不能得到及时的缓解，其负面情绪和负性认知既对教师自身及其家庭有害，又会影响到教学与教育工作；教师不仅难以引领学生走出心理阴影，甚至还可能加重学生的心理创伤。反之，如果教师的心理调适能力增强了，一定会对学生的心理健康起到良好的引导作用。

（2）次要对象包括灾区以外的人群

没有亲身经历过灾难事件的人可能很难想象灾难、尤其是像大地震这样的强破坏性事件对幸存者的心理影响之深、持续时间之久。但是心理干预对这类人群也是很重要的。

其实，从某种角度讲，身处灾区以外的人相对于灾区人民来说，这是一种应激，而不叫创伤。当视觉媒体发展到将灾难现场都完整地呈现在人们面前的时候，肯定会对人们的心理产生或多或少的影响，这种影响对于那些有心理阴影的人来说尤为显著。所以我们要理性地看待各类事件的发生，在关注事件的同时也应该注重心理的转移。例如，高校中很多来自震区的学生尽管没有亲历地震，但突如其来的巨大灾难同样也给他们带来了严重的心理创伤。作为非震区高校学生管理工作者，在做好对受灾学生经济援助等工作的同时，还要及时为学生提供有效的心理援助和危机干预，及时稳定学生情绪，帮助他们走出心理阴影，坚强地面对生活。此外，灾难意识教育是很必要的，假如对学生进行一种持续的训练，会对他们在处理突发危机的心理方面有积极影响。在欧洲和其他发达国家，"对危机的应对"教育，早已归纳为人的成长教育中的一项内容。

8.3.2　震后心理危机干预的内容

在地震发生后，心理危机干预的人员首先要了解受灾人群的社会心理状况，发现可能出现的紧急心理事件苗头，及时向有关部门报告并提供解决方法；其次要综合应用基本干预技术，并与宣传教育相结合，提供心理救援服务。

1. 对幸存者的危机干预

灾难过后，幸存者的急性心理应激反应如果得到及时正确的疏导治疗，心理状态会逐渐恢复正常，否则将可能转变为创伤后应激障碍，造成长期的精神痛苦。对幸存者进行心理危机干预时，首先应为他们营造一个有安全感的环境；其次要保持与危机者密切接触，建立沟通关系。具体途径包括：派遣受过专业训练的志愿者倾听他们的叙述，鼓励他们宣泄心中的痛苦，给予他们积极的暗示，帮助他们客观地、现实地分析和判断事件的性质和后果，纠正错误和不合理的认知；引导他们采用积极的应对策略和技巧；着手帮助他们解决一些实际问题，比如提供食品、治疗伤病患者、修建房屋等，直到他们逐步树立起重新面对生活的勇气和信心。

2. 对罹难者家属的危机干预

必须帮助居丧者认识、面对和接受地震中痛失亲人的事实，这是干预成功的第一步。居丧之初为"休克期"，居丧者多处于麻木状态，此时治疗者应与居丧者建立支持关系。居丧之初，往往存在否认的倾向，为了接受丧失这一事实，需要对居丧者与死者的关系及其他有关事件进行回忆，必须鼓励居丧者表达内心感受及对死者的回忆，允许并鼓励居丧者反复地哭泣、诉说、回忆，以减轻内心的巨大悲痛。居丧者在经受了难以承受的打击之后，往往无力主动与人接触，因此必须动员亲友们提供具体的帮助，可暂时接替居丧者的日常事务，如代为照看孩子，料理家务。必要时还需提醒居丧者的饮食起居，保证他们得到充分的休息，帮助他们分清事情的轻重缓急等，使他们能正视痛苦，找到新的生活目标。

3. 对救援人员的心理行为干预

灾害事故中不仅幸存者、罹难者家属经受了严重的心理创伤，作为救援人员，他们第一时间见证了悲剧的场面，心理受到了巨大的冲击，加上连续救援身心疲惫，也会产生一系列心理问题，对他们进行适时的心理干预也是非常必要的。

对救援人员的干预一般分为3个阶段。首先，在任务前阶段制定应对的组织计划，并通过演习明确任务，减轻预期焦虑，建立团队自信心。其次，在执行任务阶段合理安排工作岗位（尽可能安排同伴）与工作时间（最长不超过12小时，含休息和活动时间），保证工作人员之间以及与家人之间的交流，同时利用各种缓解压力的技术帮助救援人员适时减轻心理压力，还可适时安排减压、分享报告、危机干预等心理干预方法。第三，在任务结束后阶段安排休息放松，使救援人员尽快从紧张的工作状态中复原，如有需要帮助者则安排适当的心理干预，以预防创伤后应激障碍的发生。

8.3.3　震后心理危机干预的模式

1. 个别干预的模式

受灾人群存在年龄、性别、职业、人格、应激状态等方面的个别差异，心理危机的表现形式和程度不同，一般需要采用个别干预的模式。

杜慧敏、于瑞英针对第三军医大学大坪医院从德阳、绵阳等地转入灾区伤员140例，探讨了地震灾难中批量伤员存在的心理问题和干预措施。认为应该成立心理干预小组，确立成员工作职责，准确评估确定干预重点；科学制定工作方案，针对辅导对象具体情况采取个性化治疗；适时评价心理干预效果并及时改进。

作为汶川地震后的心理志愿者，贾运娇于2008年5月29日在中国移动四川分公司做了一例电话心理咨询。电话来访者是一名中学生，因在地震中经历了惊吓、逃生、得救的过程，并目睹了许多死亡场景后，造成对地震的担心、害怕而内心痛苦，以至于注意力不集中，不能安心学习，晚上不敢睡，睡着后多梦又易醒。通过引导其倾诉并运用认知疗法，及时地进行心理危机干预，使求助者的负面情绪得到缓解，对地震有了正确的认识，能重新投入到正常的学习生活中去。

2008年5月20日，在四川省绵阳市安县双土地灾民安置点巡诊时，常云丽发现一位灾民有典型的心理危机表现，经过及时有效的心理干预后，该灾民走出心理阴影，能够正确面对灾难，适应灾后新环境。

2. 群体干预的模式

震后受灾人群可以分为不同的群体，每个群体有着类似的心理危机源，具有相似的心理问题或障碍。因此，根据群体行为的特征，可以采用群体干预的模式，利用从众行为的规律，增强群体的社会促进作用，减低社会抑制作用。

李磊琼通过选取九江震中地区小学的 6 名小学生进行 1 个半月的团体心理干预，同时辅以 SAS 和 CES – D 量表前后测，发现地震儿童团体干预前后的心理重构经历了 4 个阶段，包括惊恐无助、儿童式早熟、摆脱负面情绪及心理转变和升华。其实践经验证明，地震后团体心理重构是积极有效的干预形式。

张康莉对第一时间参与救援的 1475 名官兵实施 60 场次的团体互动示范式心理干预模式。通过心理干预，救援官兵主动参与意识增强，认知、情绪和待调整后自我感觉改善明显，对干预活动的构成因素和影响因素满意度较高。汶川地震后，西安市心理工作者在北郊西安市妇女儿童活动中心广场，对部分市民地震心理障碍进行了首次大规模的群体心理干预，受到在场市民的热烈欢迎。接受心理疏导后的董阿姨直夸活动办得好："原来不知道是怎么回事，以前老觉得担心地震、心堵得慌，以为自己又犯老毛病了，现在话说出来了，敞开了，心里也舒服多了。"

3. 综合干预的模式

由于地震所造成的心理损伤机理十分复杂，而且目标人群的心理与行为是相互影响的，因此采用个别与群体干预相结合的综合干预模式较为有效。

牛雅娟等人使用卫生部推荐的心理健康自评问卷，在汶川地震 20 天后对都江堰地区 260 名高三学生和 41 名教师进行调查，尝试校园健康教育、团体心理辅导、个体治疗和心理救援培训的分层干预模式。结果发现地震灾后应届高考师生存在大量的焦虑、抑郁和身体不适，老师的问题多于学生，女生问题多于男生。根据灾后心理特点，派遣多功能心理救援团队，开展校园健康教育、对学生进行团体心理辅导、对教师进行心理培训，结合个别干预的心理援助模式，可取得较好的效果。

温盛霖、陶炯等人对四川省江油市 223 名灾民进行应激反应问卷（stress – reaction questionnaire，SRQ）评定，再对 SRQ 检测结果存在心理问题的灾民进行汉密顿抑郁量表（hamilton depression scale，HAMD）、创伤后应激障碍症状清单平民版（post taumatic stress disorder checklist – civilian version，PCL – C）评定，并对其进行医疗服务、支持性心理治疗、集体心理治疗、药物治疗和随访等的综合干预，比较综合干预前与干预后灾民心理健康情况。得出结论，相当一部分地震灾民存在心理问题。医疗服务、支持性心理治疗、集体心理治疗、药物治疗和随访等的综合干预模式能有效改善灾民的心理健康状况。

8.3.4 心理危机干预的程序

美国哈佛大学学者 Roberts 整合前人的研究成果，提出了一种综合性的 ACT 危机干预模型，专门针对突发性危机和创伤性危机进行心理干预，包括评估（assessment）、危机干预（crisis lntervention）和创伤治疗（trauma treatment）三个程序。运用ＡＣＴ危机干预模型对美国经历"9·11"事件后的一些高危人群进行危机干预后有比较明显的效果。ＡＣＴ危机干预模型要求干预者在最短的时间内对当事人进行干预，是为了防止当事人的状态恶化，而不是彻底治疗当事人的情感困扰，因此，危机干预最终目的是促使当事人接受系统的心理治疗，彻底摆脱自身的心理困扰。

1. 危机干预的步骤

虽然不同的危机、不同的危机者都会有不同的危机干预方法，但任何危机干预过程都基本采纳了以下6个步骤。它们可以划分为两类：一类是倾听而非采取行动的步骤，包括：①确定问题；②保障安全；③提供支持。它们是危机干预的前三部。另一类则是危机干预的后三步；④提出并验证可变通的应对方式；⑤制订计划；⑥获得承诺，采取积极的应对方式。这6个步骤，是紧密不可分割的，共同构成危机干预的整个过程。并且，通常各个步骤之间没有严格的界线。

（1）确定问题。危机发生后，危机干预工作者干预危机所面临的首要问题，就是要全面了解危机者的状况、问题，确定、理解他们对危机的认识。干预工作者必须通过倾听，运用同情、接纳、理解、真诚以及尊重等方式，确认危机者所处的危机境遇，并得到危机者的认同。这一阶段危机干预者要鼓励他们与他们值得信任的人谈心。要多倾听，少说话，给他们足够的时间说出内心的感受和担心；要有耐心，不要因为他们不能很容易地与你交谈就轻言放弃。

（2）保障安全。危机干预的首要目标，是保障危机者的安全。在危机干预的任何阶段，干预工作者必须随时评估危机者的安全，包括引发当事人危机状态的危机源、目前所处的环境、如有无生命财产威胁、有无社会支持等；其次要对当事人的状态进行评估，如有无严重的情绪困扰、有无自伤或伤害他人的可能性，尤其是要确认他们是否有生命安全，既不会自杀，也不会对他人构成伤害。还应当考虑地震的破坏程度、当事人离地震发生地的远近程度、在地震中滞留的时间、余震发生的可能性、震后的基本生活状况等。当事人生命财产遭受严重威胁、有严重情绪困扰、在地震中滞留时间过长、有自伤或伤害他人的倾向等状况时，都应该是危机干预首先考虑介入的对象。

（3）提供支持。震后心理危机过程中的危机者通常处于心理、认知、情绪乃至行为的失衡状态，他们原有的应对机制和解决问题的资源你无法满足他们的需要。危机干预工作者就是要通过倾听，无条件地接纳危机者，让他们感觉到被肯定、被支持。

干预工作者不要担心危机者会出现强烈的情感反应。情感的爆发有利于感情的释放。也不要试图说服他们改变自己内心的感受，要鼓励受灾群众表达内心最真实的感受。不作评判，只是接纳。并且让危机者相信，他们现在处在困难时期，他们需要别人的帮助，并且要让其明白寻求别人的帮助不是懦弱的表现，要鼓励他们主动寻求他人的帮助和支持。

（4）提出并验证可变通的应对方式。有些灾民震后会处于思维混乱状态，无法恰当地判断什么是最佳选择，因此有效的危机干预工作者此时需要帮助出现心理危机的灾民发现并确信，还有多种可变通的应对方式可以选择，还有适宜的、恰当的选择。尤其要让危机者运用积极的、建设性的思维方式，来改变他们对危机的看法，从而减轻焦虑或应激障碍。

（5）制定计划。当危机者的情绪、认知状态得到较大改变，能采取积极的应对方式看待危机后，接下来就需要危机干预工作者与危机者共同制定计划来改变他们的失衡状态。制定计划一定要注意发挥危机者的充分参与性、主动性及自主性。要让他们感觉到计划是他们在工作者的帮助下，自己做出的自主性选择，并且他们会对计划付出行动，并愿意承担实施计划的责任，会通过自身努力完成计划，而因此走出危机，战胜危机。

（6）获得承诺，采取积极的应对方式。危机者应当与干预工作者达成书面协议，承诺已采取具体的、积极的应对方式，实施应对危机的计划。多数情况下，要让危机者自己复述计划："我们已经制定了计划，我是否可以自己按照计划来做？""我怎样控制情绪，以不让情绪进一步升级？"最后得到求助者的直接和真实的承诺及保证。

2. 危机干预实施

地震发生之后，在确保受灾人群已经处于相对安全的状态，基本需求已经获得保障的前提下，应及早进行心理干预。

（1）发布心理援助信息。在地震发生时，生命的威胁、灾难的场景会使受灾者在心理上处于与社会隔绝的状态，他们往往意识不到该如何获得心理援助。因此，地震发生之后，心理援助机构应通过各种渠道大量发布心理援助资源的相关信息，鼓励人们通过各种形式求助。

（2）与当事人建立关系。通过与当事人进行有效的沟通，在消除当事人的抗拒，获得当事人的信任之后，危机干预才能得以顺利地实施。对当事人的理解、尊重和接受是关键，对于主动寻求心理援助的当事人，干预者可以通过开放式提问、倾听、附和等技术来了解当事人的信息。而对于那些抗拒心理干预的当事人，干预者必须主动与当事人建立关系，干预者一般不直接将话题引入当事人拒绝沟通的话题，而是从当事人身边任何一件物品或者当事人感兴趣的事物开始谈话，如当事人的玩偶、宠物、生活环境等，逐步消除当事人的抗拒心理与当事人建立融洽的关系。

在建立关系的过程中，干预者应保持中立的价值观和一种沉着冷静的态度，有效地控制自己的情感反应，以确保自己的个人观点与价值观不表现出来。在提问的过程中，干预者更应关注当事人当下存在的情感或者行为问题以及解决方法，而非引起这些问题的原因。

（3）对当事人进一步评估。评估（assessment）贯穿于危机干预的整个过程，及时对危机者与危机本身进行恰当的评估，直接影响到危机干预的成败。在与当事人建立关系的同时，干预者可以获得大量的信息，并对当事人进行进一步的评估。干预者应该尽可能对当事人进行个人相关信息、身心健康状态、个人社会背景等方面的评估。评估危机状态的严重程度，对危机者自杀危险程度的评估，对危机的整体性进行评估。评估后，干预者可以决定采用哪些干预策略，如何有技巧地使用这些策略。例如，对有严重情绪困扰的青少年，干预者可以采用游戏、组织活动等转移注意力的方法安抚当事人的情绪，之后再进行干预；对于回避和抗拒的成年人，干预者可以从当事人的职业、生活入手进行干预。

（4）处理当事人的情绪反应。干预者可以运用开放式问题，请当事人自己描述问题。由于有一些当事人情绪困扰严重，自己往往不能意识到问题的所在，因此，提问的技巧和干预者清晰的思维就非常重要。干预者必须从当事人凌乱和片断的叙述中整理和发觉问题的所在，以了解当事人目前的需求，问题解决疗法中的问题澄清技术在此时比较有效。通过有效的提问和倾听，不仅可以了解问题的所在，以明确采用相应的干预策略，也可以进一步促进和当事人的关系。此外，干预者还必须了解当事人的危机应对能力。在当事人叙述自己经历或者困扰时，会伴随相应的情绪反应，干预者在整理、澄清当事人问题的同时，必须对当事人的情绪进行疏导。重复当事人的言语片断，适当地使用情绪标签等，可以帮助当事人释放情绪，并让其感到自己正在获得情感上的支持。更重要的是，干预者必须将当事人的注意力从痛苦的体验中逐渐转移到对未来的关注，以便进一步实施干预。

（5）实施干预策略。在干预过程中，要求干预者能"设身处地"从当事人的体验出发，充分尊重和理解当事人的情绪行为反应，了解当事人的心理需求，尽快将当事人的注意力从过去的体验转入当下的生活和对未来的预期。挖掘当事人自身的应对能力比干预者灌输给当事人应对策略更为有效，应该最大限度地挖掘当事人的潜能。一旦当事人从心理上接受干预者的援助之后，双方可以共同探讨如何解决面临的问题，如何改善已有的应对技能。干预者应该努力促使当事人保证不会做出伤害自己或者他人的举动，一起商定当事人是否应该做进一步的心理治疗，干预者同时为当事人提供他所能获得的各种援助资源，与当事人商议如何利用这些资源来改善自己的情绪行为状态。对于年幼的当事人，干预者应该多采用注意转移的方法，在为当事人创造较好的生活环境同时，使当事人能尽快适应当下的生活环境。干预者应该灵活采用预设的干预策略，灵活地接受和使用当事人的观点和应对技能，有意识地将自己的作用降到最低，在尽可能让当事人感到自己的力量的同时，为他的特别关注提供更多的应对资源。

（6）跟踪随访。干预者应该继续与当事人保持联系，以确保问题已经得到解决。当事人同意接受进一步心理治疗后，干预者应该在当事人接受第一次心理治疗后进行随访，了解当事人在第一次治疗后的感受和计划。

3. 心理创伤治疗

危机干预只是短暂地缓解当事人危险的举动或者极度困扰的情绪，很难彻底解决那些诸如有反复自杀念头、头脑中灾难场景反复重现、失眠、噩梦、焦虑症等创伤性的应激反应，干预者应该建议或者促使当事人到更专业的心理治疗机构寻求帮助。心理治疗师应该对当事人的心理症状进行重新评估，以采取相应的治疗方法。创伤治疗告一段落后，治疗师应对患者进行定期随访，治疗后 1 个月、3 个月、6 个月、1 年、2 年、5 年甚至 10 年定期对患者进行随访，以确保治疗的效果。

8.3.5 心理危机干预的方法

心理危机干预主要针对目标人群中经过评估有严重应激症状的重点人群。对重点人群采用"稳定情绪"、"放松训练"、"心理辅导"等方法开展心理危机救助。

1. 稳定情绪的方法

（1）倾听与理解。以理解的心态接触重点人群，给予倾听和理解，并做适度回应，不要将自身的想法强加给对方。

（2）适度的情绪宣泄。运用语言及行为上的支持，帮助重点人群适当地宣泄悲痛、恐慌和忧虑的情绪，恢复心理平衡。

（3）释疑解惑。对于重点人群提出的问题给予关注、解释及确认，减轻疑惑。减少重点人群对当前和今后的不确定感，使其情绪稳定，增强安全感。

（4）提供实际协助。给重点人群提供实际的帮助，协助他们调整和接受因地震改变的生活环境及状态，尽可能地协助重点人群解决面临的困难。帮助重点人群与家庭成员、朋友、社区的帮助资源建立联系。

（5）联系其他服务部门。帮助重点人群联系可能得到的其他部门的服务。

2. 放松训练的方法

包括呼吸放松、肌肉放松、渐进性松弛训练、自律训练、想象放松等方法。通过一定程式的训练学会精神上以及躯体上，特别是骨骼肌放松的一种行为治疗方法。

分离反应表现为对过去的记忆、对身份的觉察、即刻的感觉乃至身体运动控制之间的正常的整合出现部分或完全丧失，分离反应明显者不适合学习放松技术。通过放松训练，个体可以学会有意识地控制自身的心理生理活动，达到降低机体唤醒水平以缓和身心两方面的紧张的目的。

3. 心理辅导的方法

心理辅导是通过交谈减轻地震对重点人群造成精神伤害的方法，个别或者集体进行，自愿参加。开展集体心理辅导时，应按不同的人群分组进行，如住院轻伤员、医护人员、救援人员等。在地震发生后，心理辅导人员应为重点人群提供心理社会支持，并鉴别重点人群中因灾难受到严重心理创伤的人员，并提供到精神卫生专业机构进行治疗的建议和信息。

第一，了解地震后的心理反应。了解地震给人带来的应激反应表现和灾难事件对自己的影响程度，也可以通过问卷的形式进行评估。引导重点人群说出在地震中的感受、恐惧或经验，帮助重点人群明白这些感受都是正常的。

第二，寻求社会支持网络。让重点人群确认自己的社会支持网络，明确自己能够从哪里得到相应的帮助，包括家人、朋友及社区内的相关资源等。画出能为自己提供支持和帮助的网络图，尽量具体化。强调让重点人群确认自己可以从外界得到帮助，有人关心他/她，可以提高重点人群的安全感。给儿童做心理辅导时，目的和活动内容相同，但形式可以更灵活，让儿童多画画、捏橡皮泥、讲故事或写字。要注意儿童的年龄特点，小学三年级以下的儿童可以只画出自己的网络，不用具体画在哪里得到相应的帮助。例如，粘贴画疗法作为一种有效的心理疗法，可以在灾后儿童心理危机干预中得到应用，帮助儿童摆脱地震带来的心理创伤，恢复正常的心理状态，促进儿童身心健康发展。

第三，选择积极的应对方式。帮助重点人群思考选择积极的应对方式；强化个人的应对能力；思考采用消极的应对方式会带来的不良后果；鼓励重点人群有目的地选择有效的应对策略；提高个人的控制感和适应能力。

周汝娇、熊洁等人以15例四川灾区伤员为对象，对他们进行评估，找出存在的心理问题，并通过给予加强护患交流、放松疗法、有效的健康教育和重视家属教育工作等心理干预，使伤员心情平稳，主动配合医院的治疗和护理，帮助这些伤员走出心理阴影，恢复对重建生活的信心。李文峰、唐学锋等人对亲历地震的220例住院及门诊患者进行访谈式干预，并进行症状自评量表SCL－90、焦虑自评量表SAS、忧郁自评量表SDS测试比较。发现经过干预的群体在地震发生后心理健康状况有显著改善，SCL－90（总分、阳性项目数、躯体化、强迫症状、人际关系、忧郁、焦虑、敌对、恐怖）得分均有所下降，SAS（焦虑无助情绪）、SDS（悲观哀伤情绪）等指标明显好转。

4. 心理治疗的方法

目前普遍采用的心理治疗方法主要有13种，心理急救（psychological first aid，PFA），心理晤谈（psychological debriefing，PD）/严重事件应激晤谈（critical incident stress debriefing，CISD），稳定情绪技术（emotion stabilization technology，EST），松弛放松训练技术（relax technique，RT），认知行为治疗（cognitive behavior therapy，CBT），眼动脱敏与再加工疗法（eye movement desensitization and reprocessing，EMDR），支持性心理治疗（supportive psychotherapy，SP），心理宣泄疏导法（psychological catharsis，PC），暗示诱导法，心理教育咨询，团体心理咨询与治疗，应对方式（coping style），药物干预（drug intervention）等。

不同的治疗干预方法作用也不相同，心理急救多用于帮助现场救援者联系目前需要的或者即将需要的那些可得到的服务；心理晤谈通过将灾难中涉及的各类人员按照不同人群分组进行集体晤谈，在团体中获得支持和安慰，从而帮助参加者从认知和情感上消除创伤体验；认知治疗用于让患者识别他们自己的失调性认知，通过与不合理信念的辩论来重建认知系统、减少症状、恢复社会功能，等等。例如，通过对一例汶川地震灾后受伤中年男子丧亲者心理危机干预治疗案例研究，结合综合治疗过程，主要运用合理情绪疗法配合情感支持、肌肉渐进式放松疗法等技术，对该丧亲者的居丧反应进行了解释和分析，帮助丧亲者迅速从不能承受之重的痛苦中走出来，同时说明合理情绪疗法相关技术的使用和咨询效果评估的良好。再如，吴少怡、曹丽丽、王瑞对山东大学第二附属医院的 37 位汶川地震伤员，分别使用支持性治疗方法、认知行为治疗方法、催眠治疗方法、团体辅导治疗方法和药物疗法进行分阶段的心理干预，并采用 SQR 量表对比分析伤员进行干预前后的心理状况。通过干预，大部分伤员病情与情绪稳定，SQR 量表也显示对震后伤员进行异地心理干预治疗基本取得了良好的疗效。

对孩子进行心理疏导的时候有一些特殊的东西，不像大人就是谈话，孩子不会老老实实和你谈话，因此可以用玩游戏，或者画画、捏橡皮泥、讲故事等游戏的方法来帮他们渡过这个时期。

药物治疗是心理治疗的辅助方法，目前主要使用选择性五羟色胺再摄取抑制剂类抗抑郁药物，它能够明显缓解抑郁、焦虑症状，改善睡眠质量，减少回避症状。躯体症状的改善可以影响到个体情绪的改变，因此应针对个体的躯体症状及时给予药物对症治疗。

参 考 文 献

［1］董慧娟. 地震灾害心理伤害的相关问题研究［J］. 自然灾害学报，2007（2）.

［2］邱慧萍. 灾难性危机事件的心理干预［J］. 江西农业大学学报，2004，3（1）：135 – 136.

［3］李权超，王应立. 军人心理应激反应与心理危机干预［J］. 临床心身疾病，2006，12（2）：136 – 138.

［4］姜丽萍，王玉玲. 不同人群在灾害事件中的心理行为反应及干预的探讨［J］. 中国卫生事业管理，2007（10）.

［5］罗震雷，杨淑霞. 震灾后不同群体的心理应激与危机干预. 中国西部科技，2008，7（9）：66 – 67.

［6］B. E. Gilliland，R. K. James. 危机干预策略. 肖水源，等译. 北京：中国轻工业出版社，2000.

［7］胡泽卿、邢学毅. 危机干预. 华西医学，2000，15（1）：115 – 116.

［8］Roberts，A. R. An overview of crisis theory and crisis intervention. New York：Oxford University Press，2000.

［9］肖旻婵．运用ＡＣＴ危机干预模式进行震后心理危机干预．中小学心理健康教育，2008（7）．

［10］薛飞，张绍刚．粘贴画疗法在灾后儿童心理危机干预中的应用．现代中小学教育，2009（8）：53－55.

［11］李磊琼．地震后儿童心理干预与转变过程探索．中国健康心理学杂志，2007，15（6）：526－528.

［12］姚玉红．地震灾后心理危机干预．现代预防医学，2008，35（12）：2403－2404.

［13］康岚，唐登华．地震灾后心理重建．中国护理管理，2008，10（8）：72－74.

［14］牛雅娟，朱凤艳，邹义壮．都江堰应届高考生和教师灾后心理健康状况和干预模式初探．中国心理卫生杂志，2009，23（3）：179－182.

［15］李文峰，唐学锋，舒逍，等．四川地震灾后心理干预的有效性研究．包头医学院学报，2009，25（3）：28－29.

［16］温盛霖，陶炯，王相兰，等．四川地震灾民灾后心理健康状况及综合干预模式探讨．新医学，2009，40（8）：505－508.

［17］杜慧敏，于瑞英．汶川地震灾后群体伤员心理干预和护理管理．创伤与外科杂志，2009，11（2）：180.

［18］钱革．汶川震后心理危机的早期干预：文献综述与评价．兰州学刊，2009，186（3）：134－137.

［19］高鹏，周进．心理危机干预中的问题解决．中国农业大学学报（社会科学版），2002，49（4）：73－77.

［20］董波，罗晴．灾后教师心理危机干预方法初探．中小学心理健康教育，2009，130（6）：32－33.

［21］刘亚娜．灾后心理干预驱散"心理余震"．中国卫生事业管理，2009，247（1）．

［22］常云丽．1例震后心理危机灾民心理干预的体会．医学信息（内、外科版），2009，3：652－653.

［23］张康莉．对突发事件中救援官兵心理干预的具体原则和策略的分析．中国健康心理学杂志，2009，17（7）：813－815.

［24］沈壮海，李岩．注重人文关怀和心理疏导：创新思想政治工作的新要求［J］．思想政治工作研究，2008，（8）．

［25］王卫红．抑郁症、自杀与危机干预［M］．重庆：重庆出版集团，2006.

［26］Lynn Seiser·Colin Wastell．干预与技术［M］．北京：北京大学医学出版社，2008.

［27］Isaac Marks．克服恐惧［M］．北京：中央编译出版社，2000.

［28］凌河．谨防另一种"次生灾"——由认领"哭泣的书包"想到的．解放日报，2008，6.

中国科协三峡科技出版资助计划
2012 年第一期资助著作名单

（按书名汉语拼音顺序）

1. 包皮环切与艾滋病预防
2. 东北区域服务业内部结构优化研究
3. 肺孢子菌肺炎诊断与治疗
4. 分数阶微分方程边值问题理论及应用
5. 广东省气象干旱图集
6. 混沌蚁群算法及应用
7. 混凝土侵彻力学
8. 金佛山野生药用植物资源
9. 科普产业发展研究
10. 老年人心理健康研究报告
11. 农民工医疗保障水平及精算评价
12. 强震应急与次生灾害防范
13. "软件人"构件与系统演化计算
14. 西北区域气候变化评估报告
15. 显微神经血管吻合技术训练
16. 语言动力系统与二型模糊逻辑
17. 自然灾害与发展风险

发行部

地址：北京市海淀区中关村南大街 16 号

邮编：100081

电话：010 – 62103354

办公室

电话：010 – 62103166

邮箱：kxsxcb@ cast. org. cn

网址：www. cspbooks. com. cn